简洁生动的语言，为您展现基本的烹饪常识；
全面详细的技巧　帮您轻松掌握烹饪技能。

PENGREN JIBEN JIQIAO

烹饪基本技巧

一本简单、全面、实用的技能宝典

姚金芝　编著

一看就懂　一学就会
全面解读与技术指导

U0208845

河北科学技术出版社

图书在版编目(CIP)数据

烹饪基本技巧 / 姚金芝编著. -- 石家庄：河北科学技术出版社，2013.12(2024.4重印)

ISBN 978-7-5375-6573-8

Ⅰ．①烹… Ⅱ．①姚… Ⅲ．①烹饪-技术 Ⅳ．①TS972.11

中国版本图书馆 CIP 数据核字(2013)第 268987 号

烹饪基本技巧

姚金芝　编著

出版发行	河北科学技术出版社	
地　　址	石家庄市友谊北大街 330 号(邮编:050061)	
印　　刷	三河市南阳印刷有限公司	
开　　本	910×1280　1/32	
印　　张	7	
字　　数	140 千	
版　　次	2014 年 2 月第 1 版	
	2024 年 4 月第 2 次印刷	
定　　价	49.80 元	

Preface ☞ 序

推进社会主义新农村建设，是统筹城乡发展、构建和谐社会的重要部署，是加强农业生产、繁荣农村经济、富裕农民的重大举措。

那么，如何推进社会主义新农村建设？科技兴农是关键。现阶段，随着市场经济的发展和党的各项惠农政策的实施，广大农民的科技意识进一步增强，农民学科技、用科技的积极性空前高涨，科技致富已经成为我国农村发展的一种必然趋势。

当前科技发展日新月异，各项技术发展均取得了一定成绩，但因为技术复杂，又缺少管理人才和资金的投入等因素，致使许多农民朋友未能很好地掌握利用各种资源和技术，针对这种现状，多名专家精心编写了这套系列图书，为农民朋友们提供科学、先进、全面、实用、简易的致富新技术，让他们一看就懂，一学就会。

本系列图书内容丰富、技术先进，着重介绍了种植、养殖、职业技能中的主要管理环节、关键性技术和经验方法。本系列图书贴近农业生产、贴近农村生活、贴近农民需要，全面、系统、分类阐述农业先进实用技术，是广大农民朋友脱贫致富的好帮手！

中国农业大学教授、农业规划科学研究所所长
设施农业研究中心主任 张天柱

2013年11月

Foreword ☞ 前言

　　农业是国民经济的基础，是国家稳定的基石。党中央和国务院一贯重视农业的发展，把农业放在经济工作的首位。而发展农业生产，繁荣农村经济，必须依靠科技进步。为此，我们编写了这套系列图书，帮助农民发家致富，为科技兴农再做贡献。

　　本系列图书涵盖了种植业、养殖业、加工和服务业，门类齐全，技术方法先进，专业知识权威，既有种植、养殖新技术，又有致富新门路、职业技能训练等方方面面，科学性与实用性相结合，可操作性强，图文并茂，让农民朋友们轻轻松松地奔向致富路；同时培养造就有文化、懂技术、会经营的新型农民，增加农民收入，提升农民综合素质，推进社会主义新农村建设。

　　本系列图书的出版得到了中国农业产业经济发展协会高级顾问祁荣祥将军，中国农业大学教授、农业规划科学研究所所长、设施农业研究中心主任张天柱，中国农业大学动物科技学院教授、国家资深畜牧专家曹兵海，农业部课题专家组首席专家、内蒙古农业大学科技产业处处长张海明，山东农业大学林学院院长牟志美，中国农业大学副教授、团中央青农部农业专家张浩等有关领导、专家的热忱帮助，在此谨表谢意！

　　在本系列图书编写过程中，我们参考和引用了一些专家的文献资料，由于种种原因，未能与原作者取得联系，在此谨致深深的歉意。敬请原作者见到本书后及时与我们联系（联系邮箱：tengfeiwenhua@ sina. com），以便我们按国家有关规定支付稿酬并赠送样书。

　　由于我们水平所限，书中难免有不妥或错误之处，敬请读者朋友们指正！

编　者

CONTENTS
≫ 目 录

第一章 烹饪绪论

第二章 刀工技巧及勺工要求

第三章　配菜技巧

第四章　原料的选择与初步加工

第五章　上浆、挂糊、勾芡、制汤

第六章 火候调节与油温控制

第七章 调味技巧

第八章 原料的初步熟处理

第九章 烹调方法和时尚菜例

第十章 装盘技巧

7

第十一章　宴席知识

第一章

烹饪绪论

第一节 烹饪基础知识

人离不开吃饭，因此也就离不开烹饪。烹饪技术是一项工艺精细、制作复杂的技术，是制作菜肴的一项专门艺术。"烹"是加热处理、使其成熟；"饪"是制作方法与过程。狭义地说，烹饪是对食物原料进行热加工，将生的食物原料加工成熟食；广义地说，烹饪是指对食物原料进行合理选择调配，加工洗净，加热调味，使之成为色、香、味、形、质兼美的饭食菜品，使其安全无害、利于吸收、益人健康、强人体质，包括调味熟食，也包括调制生食。

一、烹饪的作用

烹饪和烹调的作用很多，概括起来一般可分为以下几个方面：

1. **使原料由生变熟，并杀菌消毒** 各种食物原料大都要通过烹调才能成为可食的菜肴，它可以使主、辅料和调料受热后发生质的变化，即由生变熟。而且生的食物原料大都有一些清洗不掉的细菌和各种寄生虫，若不将其杀死，人食入后易致病，尤其是蔬菜的叶片。由于80℃左右的高温就可以将菌虫杀死，因而烹调是杀菌消毒的有效措施。

2. **调解色泽，增加美感** 烹调可以使原料色泽更加美观，再配上各种调、配料，色彩更艳。例如，鱼片加热后会更加洁白；虾会呈鲜红色彩等。鱿鱼、腰子等原料经花刀处理后，通过烹制可成为各种美丽的形状，给人以视觉和味觉的双重享受。

3. 调剂汁液，使食物芳香可口 在加热过程中，食物原料的部分水分会被蒸发，使主、辅料变为不饱和状态。这样，在烹制中加入调味品和鲜汤，就更容易进入主、辅料内而使菜肴口味更加鲜美。食物原料中大都含有一些醇、酯、淀粉等，它们在受热时会因发生化学变化而变为芳香性物质，可以使食物芳香可口、诱人食欲。

4. 调和滋味，促进食欲 生的食物原料的滋味都是独立存在、互不融合的，并且有的味道并不符合人们的口味需求，例如鱼、羊的腥膻味就被大多数人所厌恶。通过烹调，各种原料中的分子更容易相互扩散、相互渗透、相互影响，会使一些腥膻异味或许多单一味变为人们所喜欢的复合美味，从而促进食欲，例如糖醋鱼、蘑菇鸡等。

5. 促进营养成分分解，利于消化吸收 人必须从使用中获取蛋白质、脂肪、糖、矿物质、维生素等营养成分，才能维持生命。烹调能促进食物原料中营养成分的分解，便于人体吸收。例如，蛋白质遇热，可变性凝固，易于分解成氨基酸，利于人体吸收；脂肪加热可水解成脂肪酸和甘油等。这些变化，不仅减轻了人体消化器官的负担，而且能提高营养成分的吸收率。

二、烹饪的科学

烹饪含有非常丰富的科学内涵，其核心内容是既要符合营养要求，又应达到养生效果。

1. 五味调和的美食观 五味调和是中国传统饮食生产的最高原

则。"五味"指饮食五味——酸、甜、苦、辣、咸；五味调和是以至味、美味的烹制为目标，以优选原料为基础，以巧妙加工为关键。与西方烹饪的科学主义倾向相比，被视为艺术的中国烹调更多的是模糊与随意。不但各大菜系都有其独特的风味与特色，而且即使是同一菜系的同一个菜，其所用的配菜与各种调料的匹配以及菜肴出品的滋味，也会因厨师的个人特点的不同而不同。

2. 养生食治的营养观　《黄帝内经》说道，"味归形，形归气，气归精，精归化""五味入口，藏于肠胃，味有所藏，以养五气，气和而生、津液相成，神乃自主"。这个观念认为，饮食的目的在于使人体精神饱满、健康长寿。"五谷为养，五果为助，五畜为益，五菜为充"，我国传统的养生食治学说便是围绕这个目的而逐渐形成。科学的膳食结构不仅使中华民族得以生存与发展，而且避免了许多"文明病"的困扰，为海内外营养学家所称道。发源于我国传统的饮食和中医食疗文化的药膳，既具有较高的营养价值，又可防病治病、保健强身、延年益寿。

三、烹饪的艺术

我国有"烹饪王国"的美称。中式菜肴具有八大特点：选料讲究、刀工精细、配制巧妙、烹调方法多样、菜肴品种丰富、口味丰富多彩、火候运用独到、盛装器皿精致。其中，精湛的刀工、巧妙的制作无不体现着烹饪造型的艺术魅力。

随着时代的发展和社会的进步，各种花色造型菜点及丰盛华丽的宴席不断推出，既有着丰富的食用价值，又具有很高的审美价值，使烹饪越来越具有艺术内涵。我国的烹饪艺术融绘画、雕塑、装饰、园林等艺术形式于一体，通过各种各样的表现形式，肴馔本身的色、形、香、味与宴席组合得以完美体现，不仅使人们体验到生理味觉方面的美，更感受到视觉心理层次的美，具有独特的民族特色和浓郁的东方魅力，浓缩出我国烹饪艺术的精髓。

第二节　中式烹饪介绍

烹饪包含着深厚的科学与文化底蕴。我国的烹调技艺历史悠久、博大精深，素以选料讲究、制作精湛、色彩秀丽、品种繁多而闻名世界，是我国珍贵文化遗产的一部分。在21世纪的今天，烹饪发展到了一个新的高峰，美食观和营养观是现代烹饪的内涵及外延，这就需要我们开拓创新，在继承中发展，把烹调技术提高到一个新的水平。

一、中式烹饪的历史

烹饪历史，既是饮食烹饪文化发展的历史，也是人类因生存和发展而征服自然、适应自然的历史。我国烹饪有着悠久的历史和丰富的内涵，是中华五千年文明历史发展的重要侧面。它的发展是与社会生产力的发展相适应的过程，也是我国人民经过长期的烹饪实践的结晶。由于我国长期处于统一大国的地位，经济和文化的发展较为均衡，因此，烹饪历史总体上呈现出大一统式的发展格局，各主要地区的饮食烹饪在每一重要历史阶段的发展都较为平衡。

饮食烹饪历史的大一统式、相对平衡的发展格局具体表现在：在陶器烹制阶段的周朝，南北菜点均出现了明显的地区特征。例如，当时作为中南风味代表的楚宫名食和作为中原及北方名食代表的周代八珍，在用料、调味上已表现出明显的地区特征。至汉魏南北朝时期，南北各主要地方风味流派先后出现雏形，区域性地方风味食品的区别更加明显。进入唐宋时期后，各地饮食烹饪发展的速度加快，并较为均衡。据孟元老的《东京梦华录》等书记载，两宋时期的开封、杭州等地已经有了北食、南食和川食等地方风味流派的名称和区别。等到明清时期尤其是清朝中晚期，由于受地理、气候、物产、习俗等不同因素的长期持续影响，加上各地烹饪技术的全面提高，主要地方风味已然形成稳定的发展格局。清末徐珂在《清稗类钞·饮食类》中指出："肴馔之有特色者，为京师、山东、四川、广东、福建、江宁（即南京）、苏州、镇江、扬州、淮安。"以我国地方风味流派中最具代表性、最著名的川、鲁、粤、淮扬四大菜系来说，基本上均是按照这个轨迹发展而来。

二、中式烹饪的发展

烹饪发展到 21 世纪，可以说到了一个全新的鼎盛时代，时代的多样性和人民生活的丰富性决定了人们对食品的追求、对烹饪的要求越来越高。现代中式烹饪主要有以下特点：

1. 积极开发新食源　烹饪的原料丰富多彩、各种各样，但人们仍不忘引进、开发新食源，例如牛蛙、袋鼠、海狸、鸵鸟、王鸽、孔雀、腰豆、芦笋、玉米笋、泰国米、花椰菜、夏威夷果等。与此同时，人们还在繁殖食用昆虫、提取植物蛋白、人工试管造肉、利用野生草木、开发海底牧场、推广强化食品等方面开展科研，并取得显著成果。

2. 重视造型艺术　食雕、冷拼、围边和热菜装饰技术发展很快，无论是立意、命名还是定型、敷色，都体现着明显的时代精神和民族风格。此外，运用美学原理，借鉴引用工艺美术的表现手法，赋予菜品新的情韵，提高艺术审美价值。另外，在餐具上也有很大革新，明净的新工艺瓷大为流行，使美食与美器相辅相成。

3. 注重营养配膳　传统中式烹饪的特点是大鱼大肉、厚油浓汤，而现代中式烹饪讲究膳食结构合理和营养平衡，强调两高三低（高蛋白质、高纤维素和低糖、低盐、低脂肪），并提高鸡鸭鱼鲜及蔬菜水果原料的利用率，减少破坏营养素和有损健康的烹饪方法，同时推出大量营养菜谱、养生菜谱、食疗菜谱、健美菜谱和优育菜谱等。

4. 烹调工艺规范化　烹调工艺的规范化主要表现在对菜品研究的重视，每道工序、各种用料的比例等都是厨师分析的重要内容，并且用菜谱或录像方式进行记录，知名菜点更是如此。

5. 烹饪设备现代化　目前，许多餐厅的厨房设备已大为改观，冰柜、煤气炉、红外线烤箱、微波炉、炒冰机、紫外线消毒柜、自动洗碗机、不锈钢工作台、自动刀具、新型模具和其他饮食机械设备已经得到普遍应用，既使工作环境变得更加清洁，又降低了劳动强度，提高了工作效率，减少了污染。

6. 积极进行宴席改革　大到国宴，小到各种礼宴、喜宴、家宴，宴席改革已成为烹饪发展的一大潮流，总的趋向是"小""精""全""特""雅"。

厨师不但是一个烹饪专家，而且是一个艺术家。烹饪艺术的发展空间越大，对厨师的要求也就越高，特别是高级厨师，不仅要求有专一性，而且要求是多面手，即除了能将某一个菜品做到极致外，还应该什么菜都会做。一名合格的厨师，他所做出的饭菜不仅要好吃，更要具有艺术性和欣赏性。

三、我国菜肴的特点

我国的烹调技术集中了民族烹调技艺的精华，菜肴不仅有很高的艺术性，而且具有中国气派的许多特点：

1. 选料讲究　无论古今厨师，对原料的选择都非常讲究。在质量方面，植物性原料应新鲜洁净，动物性原料在宰杀前应保持鲜活状态。在规格方面，不同的菜对选料有不同的要求，例如滑熘里脊必须选用里脊肉制作。只有这样，才能做出美味可口的菜肴。

2. 刀工精细　中式烹饪对厨师的刀工技艺要求很高。在加工原料时，对刀工的要求是大小、粗细、厚薄相同，以保证原料受热均匀、成熟时间一致。刀工的操作过程直接影响着成品菜肴的色、香、味、形。通过刀工把原料切成丝、条、丁、块、片、段、花等各种形状，不但便于调味，而且外形美观，有增强食欲的作用。

3. 配料巧妙　要想烹制出丰富多彩、滋味调和的菜肴，不仅要选择好主要原料，而且应做好辅料的拼配工作。我国厨师向来比较重视主辅料的拼配技术，并有一定的讲究，以使菜肴同时具有食用价值和艺术欣赏价值，最具代表性的莫过于各种或平面、或立体的花式冷盘。

4. 擅长运用火候　菜肴质量的好坏，很大程度上取决于火力的大小和加热时间的长短。我国菜肴的烹制过程对火候的运用非常严格，有的菜肴需旺火速成，有的菜肴要小火煨炖成熟。想要烹制出满足老嫩酥脆等要求的菜肴，必须掌握好恰当的火候。

5. 调味丰富多彩　我国菜肴的口味众多，是世界上任何国家所不能比拟的。不同的原料，加不同的调料，就可以调制出增加菜肴美味的调味品，例如深受人们喜爱的咸鲜味、甜酸味、辣咸味、香辣味等。除善于掌握各种调味品的调和比例外，我国厨师还能巧妙地使用不同的调味方法，或在加热前调味，或在加热中调味，或在加热后调味，从而使每个菜肴形成独特的风味。

第三节　各大菜系概况

菜系，也称"帮菜"，是指在选料、切配、烹饪等技艺方面，经长期演变而自成体系，具有鲜明的地方风味特色，并且为社会所公认的中国饮食的菜肴流派。各大菜系具有明显的地区特色或民族特色，其特点主要表现在以下几方面：有品类众多的烹调原料；有某些独特的烹调方法；有特殊的调味品和调味手段；有从低档到高档、从小吃到宴席等一系列的风味菜式，并在餐饮界以及国内外有相当的影响。下面分别对我国汉族饮食的"八大菜系"的形成和特点作简要介绍。

1. 四川菜系　四川位于长江中上游，气候温和，雨量充沛，群山环绕、江河纵横、沃野千里，物产丰富，有"天府之国"之称。蔬菜瓜果四季不断，家畜家禽品种齐全，山岳深丘特产鹿、獐、狍、银耳、虫草、竹笋等山珍野味，江河湖泊又有江团、雅鱼、岩鲤、中华鲟（中华鲟是国家一级保护动物，人工繁殖 3 代以上的才可以食用）等各种鱼鲜为川菜烹调之特有原料。

四川菜，即川菜，川菜以成都、重庆两地的地方菜为代表，还包括乐山、江津、合川等地的地方菜，是巴蜀饮食文化的主要特征之一。川菜有着丰富的调味品，调味方法复杂多变，麻、辣、鲜、香、烫等口味各具特色，具有"一菜一格，百菜百味"的美称。擅长小煸小炒、干煸干烧等技法。代表菜肴有开水白菜、麻婆豆腐、回锅肉、宫保鸡丁、盐烧白、川式粉蒸肉、青城山白果炖鸡、夫妻肺片等。

2. 广东菜系　广东地处东南沿海，气候温和，物产丰富。古代聚居于广东一带的百越（也称"百粤"）族善渔农，尚杂食。随着历史变迁和民族融合，中原饮食制作的技艺、炊具、食具流传至此，当地的杂食之法更加发展、完善。近代又吸取西餐技艺，融会贯通，逐渐形成了特色鲜明的南国风味菜系——广东菜系。近年来，广东菜大为发展，新派粤菜风靡全国。

广东菜，也称粤菜，由广州菜、潮州菜、东江菜三个地方菜组成，香港地区菜也属广东菜系范畴。粤菜具有选料精细、操作严谨、刀功精湛的特点。原料新颖奇特，天上飞的，地上跑的，水里游的，有"鸟、兽、鱼、虫无不食"之说。原料以生猛活鲜而见长，口味以鲜嫩清爽淡滑而著称。冬春偏醇浓，注重药膳和滋补。粤菜擅长炖、烤、烩、白灼、盐焗等技法，菜品讲究造型和色彩，代表菜有文昌鸡、西柠煎软鸡、东江盐焗鸡、梅菜扣猪肉、白灼基围虾、铁板煎牛柳、八珍扒大鸭、豉汁茄子煲、蚝油扒生菜、潮州白鳝煲、清蒸大鲩鱼、脆皮烤乳猪等。

3. 山东菜系　山东位于黄河下游，地处胶东半岛，延伸于渤海与黄海之间。全省气候温和，物产丰富，沿海一带盛产海产品，内地的家畜、家禽以及菜、果、淡水鱼等品种繁多，分布很广。丰富的物资资源为鲁菜的发展奠定了良好的物质基础，山东的历代厨师由此创造了较高的烹调技术，发展完善了鲁菜。

山东菜，又称鲁菜，主要由济南和胶东两地的地方菜组成，并有典雅华贵、堪称"阳春白雪"的曲阜孔府菜以及星罗棋布的各种地方菜和风味小吃，是黄河流域烹饪文化和北方菜的代表。鲁菜以咸鲜为主，擅长爆、炒、扒、氽等烹调技法，注意保持原料本身的鲜味。口味浓醇，脆嫩爽口。代表菜有九转大肠、油爆海螺、黄河鲤鱼、炸烹刀鱼、济南把子肉、酱爆核桃鸡等。过去的清汤燕窝、红扒熊掌等菜肴闻名全国。

4. 江苏菜系　江苏跨江滨海，扼淮控湖，境内河网港汊繁多、大小淀泊密布，更有长江、运河连贯四方，加之土壤肥沃、寒暖适宜，一直被称为"鱼米之乡"。"春有刀鲚夏有鲥，秋有肥鸭冬有蔬"，水产禽蔬四季不断，富饶的物产为江苏菜系的形成提供了优越的物质条件。江苏菜系主要由扬州菜、南京菜、苏州菜、镇江菜组成，其影响遍及长江中下游广大地区。

江苏菜的特点是选料严谨，刀工精细，烹调方法多样，擅长炖、蒸、炒、煮、熘等技法。口味咸中有甜，甜中有鲜；菜肴风格雅丽，形质均美，浓而不腻，淡而不薄，酥烂脱骨而不失其原形，滑嫩脆爽而不失其味。代表菜有羊方藏鱼、霸王别姬、三套鸭、清蒸鲥鱼、梁溪脆鳝、雪花蟹斗、水晶肴蹄、鸡汤煮干丝等。

5. **浙江菜系** 浙江位于东海之滨，北部水道成网，素有"鱼米之乡"之称；西南丘陵起伏，盛产山珍野味；沿海渔场密布，海产资源丰富。丰富的烹饪资源、众多的名优特产与卓越的烹饪技艺相结合，使浙江菜独成体系。

浙江菜，简称浙菜，由杭州、宁波、绍兴三个地方菜组成，其中以杭州菜为代表。常言道："上有天堂，下有苏杭。"浙菜具有清鲜细腻、制作精细的特点，烹调技法丰富多彩，成品菜肴胜似风景，尤其擅长海鲜河鲜的烹制。代表菜有龙井虾仁、西湖醋鱼、宋嫂鱼羹、干炸响铃、东坡肉、叫花鸡、梅菜扣肉、南湖蟹粉等。

6. **湖南菜系** 湖南是我国东南腹地，位于长江中游地区，有湘江、资江、沅江、澧水四水流经，气候温暖，雨量充沛，自然条件优越。湘北是著名的洞庭湖平原，素有"鱼米之乡"之称；湘东南是丘陵和盆地，农牧副渔业发达；湘西多山，盛产笋、蕈等山珍野味。湖南人民利用本地资源创造出了一系列的湖南名菜。

湖南菜，又称湘菜，由湘中南地区、洞庭湖地区和湘西山区三种地方风味组成。湘中南地区的菜以长沙、湘潭、衡阳为中心，是湖南菜的主要代表，其特色是油重色浓，讲求实惠，注重鲜香、酸辣、软嫩，尤以煨菜和腊菜闻名。洞庭湖区以烹制河鲜和家禽、家畜见长，特点是量大油厚、咸辣香软，以炖菜、烧菜出名。湘西地区擅长制作山珍野味、烟熏腊肉和各种腌肉、风鸡，口味咸香酸辣，山乡风味浓厚。

湘菜代表菜肴有东安子鸡、腊味合蒸、剁椒鱼头、金钱鱼、冰糖湘莲、荷叶软蒸鱼等。

7. **福建菜系** 福建位于我国东南部，面临大海，背负群山，气候温和，四季如春。丰富的山珍野味和水产资源，为福建菜系提供了得天独厚的物质资源。

福建菜由福州、闽南、闽西三种不同的风味构成。以福州菜为代表。福州菜的特点是清爽、鲜嫩、淡雅，偏于酸甜，以汤菜居多。调味上善用糟，有煎糟、红糟、辣糟、醉糟等多种烹调方法。闽南菜讲究作料调味，以善用甜辣著称，在使用沙茶、芥末、橘汁以及药物、佳果等方面均有独到之处。闽西菜偏重咸辣，烹制多为山珍，带有山区风味。

福建菜在色香味形兼顾的前提下，以味为纲，具有淡雅、鲜嫩、隽永的风味特色；刀工巧妙，寓趣于形；调味奇特，别具一方；烹调细腻，雅致大方。烹调方法不局限于熘、爆、炸、焖、氽、焗，尤以炒、爆、煨等技术著称。代表菜有佛跳墙、周家清蒸鱼、煎糟鳗鱼、清汤鱼丸、蒜子白鳝、虎头鸡块等。

8. 安徽菜系　安徽位于华东的西北部，长江、淮河横贯全省，支流与湖泊交织，境内平原、丘陵、山峦俱全，土地肥沃，物产丰饶，为安徽菜系的形成奠定了物质基础。

安徽菜，又称徽菜，由皖南、沿江和沿淮三种地方风味构成，其中以皖南菜为代表。皖南菜具有芡大油重、朴素实惠的特点，擅长炖、烧，讲究火工，一向以烹制山珍海味而著称。不少菜用木炭制成炭基长时间地用小火炖、烤，因而汤汁清纯、味道醇厚，再以原锅上桌，可保原汁原味。沿江菜以芜湖、安庆地区为代表，讲究刀工，注重形、色，善用糖调味和烟熏技术，以烹调河鲜、家禽见长。沿淮菜主要由蚌埠、宿县、阜阳等地方风味构成，一般以咸为主、咸中带辣，汤汁口重色浓。代表菜有清蒸石鸡、红烧果子狸、黄山炖鸽、毛峰熏鲥鱼、双爆串飞、杨梅丸子、熏鲫鱼等。

　　除"八大菜系"外，还有一些在中国较有影响的菜系，如东北菜、京菜、冀菜、豫菜、鄂菜、本帮菜、赣菜、客家菜、清真菜等菜系，都代表了各地色、香、味、形俱佳的传统特色烹饪技艺。

第二章

刀工技巧及勺工要求

第一节 刀工刀法

　　刀工是根据烹调和食用的具体要求，采用相适应的刀具和刀法，将经过初步加工和整理的烹饪原料加工成一定立体形状的操作过程。绝大多数原料在正式烹调之前都必须经过刀工处理，有少数原料虽能直接烹调，但又不便于食用。只有掌握精湛的刀工，把原料加工成规格整齐、断连分明、形态美观的半成品，才能符合烹调与使用的要求。随着烹饪行业和烹调技术的发展，对刀工的要求已不再局限于改变原料的形状，还应进一步美化原料的形态，以烹制出既滋味可口又形象悦目的菜肴。从某种意义上来说，刀工影响着菜的色、味、形、质地，是烹调技术的重要组成部分。

一、直刀法

图 2-1　直切

　　直刀法是指刀刃与菜墩或原料接触成直角的一类刀法。根据原料处理方式的不同大致分为切、剁、砍等。

　　1. 切　切是最常用的一种刀法，分为直切、推切和拉切、推拉切、滚切、铡切。

　　（1）直切　直切是左手按稳原料，右手执刀，切时刀垂直向下，不向外推，也不向里拉，一刀一刀笔直地切下去。

同时还可利用刀刃和菜墩的自然回弹力和腕部的灵活性进行均匀而有序的跳动，所以又叫"跳刀切"（图2-1）。这种方法一般用于加工脆性原料，如萝卜、莴苣、黄瓜等。

（2）推切和拉切 推切是从刀的后部着力，刀的前部先触及原料，由里向外推动的同时一刀切断原料（图2-2）。拉切的刀法是刀与原料垂直，切时刀由前向后运动，着力点在刀的前端，一切拉到底（图2-3）。凡将原料切成较薄较小的片或丝，宜用推切或拉切。推切适用于质地松散、形状小而薄的原料，如做冷盘时切叉烧肉、腊肉、香肠、干丝等。拉切适应于无骨的韧性较强的原料，如新鲜肉类。

图2-2 推切

（3）推拉切 推拉切是推切和拉刀切的刀法同时运用，刀首先推出去，再拉回来切断原料，一推一拉，如同拉锯，所以又叫"锯切"（图2-4）。采取锯切的方法是要把较厚、无骨而有韧性的原料或质地松软的原料切成较薄的片形，如五花肉、西火腿等。

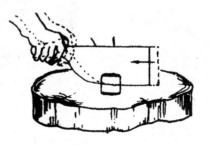

图2-3 拉切

（4）铡切 铡切有两种方法，一种是右手握住刀柄，将刀放在原料要切在部位，左手握住刀背前端，两手交替用力压切下去（图2-5）。另一种切法是将刀按在原料要切的部位上，右手握住刀柄，左手按住刀背前端，左右两手同时按切下去（图2-6）。这两种刀法，前一种是为了使落刀的部位正确，避免在原料上滑动；

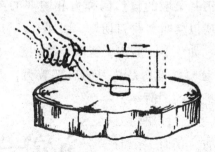

图 2-4 锯切

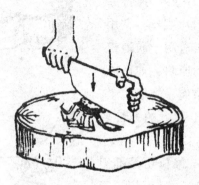

图 2-5 铡切 (一)

图 2-6 铡切 (二)

后一种是为了落刀后不使原料跳动失散。铡切通常适用于切带壳的或带有软骨和细小硬骨的原料，如花椒、干椒末以及煮熟的鸡鸭肉要改切成大小均匀的块等。

（5）滚切 滚切又叫"滚料切"，切时一手按住原料，另一手持刀与原料保持一定的角度垂直切下去，每切一刀，转动原料一次，边滚边切，多用于茄子、土豆等圆形、柱形原料（图2-7）。

图 2-7 滚切

2. 剁 剁又名"斩"，是将无骨的原料制成蓉泥状的一种刀法，主要用于制馅和丸子等；也可用于将带骨原料剁制成形，适用于畜禽类生熟原料，如整鸡、鸭、烤禽等。常用的方法有单刀直剁（图2-8）和双刀排剁（图2-9）两种。

（1）单刀直剁 一般适用于较硬而带骨的原料。剁时左手扶稳原料，右手将刀对准要剁的部位，用力直剁下去，最好一刀剁断，否则不仅影响原料形状的整齐，还可使原料带有一些碎肉碎骨，影响菜肴质量（图2-8）。

（2）双刀排剁 一般适用于将无骨软性的原料加工成蓉泥状。剁时左、右手各执一把刀，两刀前端呈八字形，刀的前端相距约2厘米，用手腕的力量，由左至右或由右至左反复排剁，并不停翻动原料，使茸、泥均匀细致。在剁制的过程中可以讲究声音的节奏韵律，通常可剁出快马奔跑或者打击鼓点的节奏韵律（图2-9）。

图 2-8　单刀直剁

图 2-9　双刀排剁

无论是直剁还是排剁，提刀都不要过高，用力均不宜过猛，不然会增加劳动强度，并造成碎末四处飞溅和菜墩严重受损。

3. 砍　砍又叫"劈"，即手持刀具，对准原料待切部位，刀具抬起一定的幅度（有时也可高于头顶，以增加惯性冲击力），猛力下刀，一次或多次切断原料。砍通常适用于带骨的或者质地坚硬的原料，有直砍、跟刀砍、开片砍等几种。

（1）直砍　将刀对准原料要劈的部位，用力向下直砍，通常用于带骨的或质地坚硬的原料（图 2-10）。砍时要把刀柄握紧，最好一刀砍断。

直砍的具体要求：

图 2-10　直砍

①要用臂膀的力，这与用腕力切不同，用的力要比切大。

②原料要放平稳，左手持料应离落刀点远一些，以防砍伤。

（2）跟刀砍　将刀刃按在原料待切部位，一手持原料，一手持刀，两手同时举起，同时落下（下落时持原料的手要离开原料），重复多次，直至把原料切断。这种刀法适用于一次不易劈断，需要连劈两三次的原料，如脚爪、蹄髈等（图 2-11）。跟刀砍时，刀必须稳稳地嵌在原料上，不能使其脱落，否则容易发生砍空或伤手等情况。

图 2-11　跟刀砍

（3）开片砍　这种砍法通常适用于猪、羊等大型整只的动物性原料，砍时将整只猪、羊后腿分开吊起来，先用刀在背部，从尾至头将肉割至骨头，然后顺脊骨开片砍到底，使其分成两半（图2-12）。

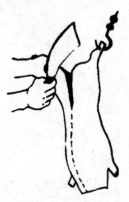

图2-12 开片砍

二、片刀法

片刀法又叫"劈刀法"，是操作时刀与砧墩基本上成平行状态的刀法（图2-13）。用于将原料切割成薄而整齐的片状，一般切的刀法不易做到时就运用这种方法，适应于无骨的韧性原料、软性原料或煮熟回软的脆性原料。

1. 平刀片法 平刀片法是刀具运行时与菜墩平行的一种刀法，分为平刀片、推刀片和拉刀片、推拉片、抖刀片、旋料片。

图2-13 片刀法

（1）平刀片 平刀片是将刀身放平，使刀面与墩面或原料几乎完全平行，沿刀刃所指方向一刀片到底的方法。从原料的上端起刀为"上刀片"，从原料的下端起刀为"下刀片"。此刀法适用于无骨柔嫩的原料和蔬菜，如豆制品、鸭血等。

（2）推刀片和拉刀片 推刀片是刀在平刀片的同时由内向外推动的动作，适用于脆性原料，如茭白、熟笋等（图2-14）；拉刀片

图 2-14　推刀片

的要求基本与推刀片相同，不同之处只是刀在片进原料后的运动方向与前者相反，适用于细嫩和略带韧性的原料，如片各种肉片等。

（3）推拉片　推拉片又叫"拉锯片"，刀的前端先片进原料，由前向后拖拉，再由后向前推进，一前一后、一推一拉，直至将原料片断。此刀法适用于韧性较强的原料，如肚片等。

（4）抖刀片　左手按稳原料，右手执刀，刀刃吃进原料后将刀前后移动，同时上下均匀抖动，使刀在原料内呈波浪式地推进，直至抖片到底。这样可以美化原料的形状，适用于柔软、脆嫩的原料（图2-15）。

图 2-15　抖刀片

（5）旋料片　旋料片是指刀刃平刀片进原料的同时将原料在墩面上滚动，植物性原料一般从原料上部着刀，叫"上旋片"，如黄瓜、萝卜等；动物性原料通常从原料下部着刀，叫"下旋片"，如

23

图 2-16 斜刀片法

肉等。

2. **斜刀片法** 斜刀片法是刀面与墩面或原料接触形成斜角的一种方法（图2-16），分为斜刀正片、斜刀反片、拉锯斜片等。

（1）斜刀正片 斜刀正片又叫"斜刀拉片"，刀身倾斜，刀背向外，刀刃向里，刀与砧墩面成较小的锐角，切时向左下方移动的一种刀法。通常用于无骨的韧性原料，切斜形、略厚的片或块时应用，如腰片、海参等（图2-17）。

图 2-17 斜刀正片

图 2-18 斜刀反片

（2）斜刀反片 斜刀反片又叫"斜刀推片"，刀背向里，刀刃向外，刀身微呈倾斜状，刀吃进原料后由内向外推动运动，直至片断原料，如耳片、肚片等（图2-18）。

（3）拉锯斜片 拉锯斜片是斜刀片进原料后，再前后拉动直至片断原料，多用于体积较大的原料，如瓦块鱼等。

三、剞刀法

剞刀法，又叫"花刀法"，是在原料的表面划上一定深度而又不断开的，并形成花纹的一种刀法。剞的主要目的是使原料在烹制时易于入味，并可使原料在加热后形成各种美丽的形状，给人们以快感和艺术享受。一般分为直刀剞、推刀剞、拉刀剞、交叉剞等，与直刀法、片刀法同时配合使用。

1. **麦穗形花刀** 先用斜刀法配剞上一条条平行的斜刀纹，再转动70°～80°，用直刀法剞上一条条与斜刀纹相交叉的平行直刀纹，深度均为原料的4/5，最后改刀成较窄的长方块，加热后就卷曲成麦穗形（图2-19），如腰花、目鱼卷等。

图2-19 麦穗形花刀

2. **荔枝形花刀** 先用直刀法推剞上一条条平行的刀纹，再将原料转动约80°，用同样的刀法推剞，深度均为原料的4/5，最后改刀成3厘米左右的三角块或象眼块，加热后即卷曲成荔枝形状（图2-20），如墨鱼、肚头等。

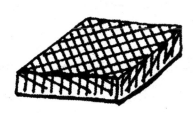

图2-20 荔枝形花刀

3. **菊花形花刀** 先将原料的一端切成一条条平行的薄片，深度为原料的4/5，另一端连着不断，然后再转90°垂直向下切，使原料厚度的 4/5 呈丝条状，另一端仍连着不断，再改刀成三角块，加热后即卷曲成菊花状（图 2-21），多用于肉质较厚的原料，如菊花鱼等。

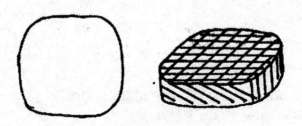

图 2-21　菊花形花刀

4. **球形花刀**　球形花刀又叫"松果花刀"，先将原料切或片成厚片，再在原料的一面剖上十字花刀，刀距要密一些，深度为原料的 2/3，再改刀成正方块或圆块，加热后即卷成球形（图 2-22），多用于脆性和韧性的动物原料。

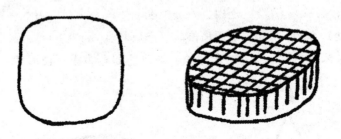

图 2-22　球形花刀

5. **灯笼形花刀**　先把原料片成长约 4 厘米、宽约 3 厘米、厚约 3 厘米的片，在原料的两端分别斜剖上相反方向的两刀，深度为原料的 3/5，再转成直角剖上深度为原料的 4/5 的直刀纹，刀距不能太密，加热后即成灯笼形。

6. **蓑衣形花刀**　先在原料的一面像麦穗花刀那样剖一遍，深度为原料厚度的 4/5，再把原料翻过来，用推刀法剖一遍，其刀纹与正面斜十字刀纹呈交叉纹，深度与正面相同，再将原料改刀成 3 厘米见方的块。经过这样加工的原料，提起来后两面通孔，呈蓑衣状（图 2-23）。

7. 梳子形花刀　先用直刀在原料表面剖出均匀直刀纹，深度为原料的 2/3，再把原料转过来切成

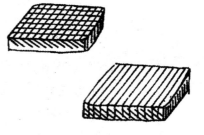

图 2-23　蓑衣形花刀

片或连刀片，加热后即成梳子形（图 2-24），这种刀法多用于质地较脆、较硬的原料，如梳形萝卜等。

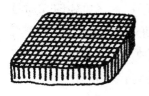

图 2-24　梳子形花刀

8. 蜈蚣形花刀　常以猪黄管为原料，先将猪黄管洗净，放入水锅中煮透，捞出撕去油筋，用筷子翻过来，放入汤锅氽透捞出晾凉。将猪黄管横放在墩上，用直刀法每隔 3 厘米剖上一刀，再每隔一格对角剖上一刀，切至原料的 1/2 处，即成蜈蚣形（图 2-25）。

图 2-25　蜈蚣形花刀

此外，还有比较形象而又简洁的剖刀法，如锯齿形、兰花形、玉翅形、麻花形、凤尾形、如意形、剪刀形、月牙形花刀等。

四、整鱼刀法

剞刀法还经常运用到整鱼的加工中，整鱼刀法有：

1. "一"字形花刀　运用直刀或斜刀推剞、拉剞或推拉剞的方法在原料表面划上倾斜的"一"字条纹，经过受热使表皮收缩，纹路清晰地呈现出来，既便于烹调入味，缩短烹调时间，又可达到美化菜肴的目的，如红烧鳝段、干烧鲫鱼等。

2. 菱形花刀　菱形花刀又叫"斜十字花刀"，在鱼体的表面直剞或斜剞上一排排间距相等、与鱼体成一定角度的平行刀纹，一直剞到鱼尾，再转动一定的角度剞上一排排与原刀纹相交成斜"十"字的平行刀纹，深度均至鱼骨，一面剞完以后再剞另一面。此法适用于草鱼、黄鱼等体大而长的鱼类。

3. 牡丹花刀　先在鱼体表面用直刀法切至单面肉质厚度的深，然后将直刀法转变为斜刀法继续剞至脊椎骨处，再沿着脊椎骨平行运行一小段距离，使剞好的鱼片能够自然地向外翻卷即可。加热后鱼体表面卷起一瓣瓣形如牡丹花瓣的浪花形状，常用于鱼类的清蒸、葱油做法。

4. 松鼠鱼花刀　先起下两片净鱼肉，尾部要相连，鱼皮朝下，用刀尖在两片鱼的肉面划上或用直刀剞上一组略成放射状的"一"字刀纹，再转动90°斜片成一条条与原刀纹相交约45°的平行刀纹，间距与原刀纹相等，注意不要将鱼皮切破，加热后即成松鼠形状，如松鼠鳜鱼。

5. 柳叶形花刀　先从鱼肉的最厚部位由头至尾划上一刀，深至鱼骨，然后以原刀纹为中线在两边斜顺着剞上距离相等的刀纹，即成树叶状（图2-26）。此法多适用于清蒸鱼、烤全鱼等菜肴的制作。

6. 百叶花刀　先用刀直剞至鱼的脊骨，再贴骨横片进去（并不片断）。此种刀法应注意刀距要相等，左右面要对称，提起后呈百叶

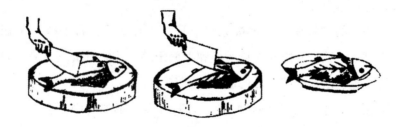

图 2-26　柳叶形花刀

窗形。如糖醋黄鱼一类，鱼的改刀就采用此种刀法加工成形。

除了上述花式料形以外，还有很多借助于厨刀、雕刻刀和各种模具加工而成的花式料形，其种类繁多、造型逼真，既可以整体使用，也可以加工成片来使用。

第二节　原料成型

原料经不同刀法的刀工处理后，就形成了既便于烹调又便于使用的各种形状。常见的基本形状主要有片、丝、块、条、段、丁、粒、末、蓉泥等。

一、片

片指通过切或片的方式将原料加工成较薄的形状。根据烹调要求和原料质地的不同，片有各种各样的大小、厚薄和形状，常用的有长方形片、菱形片、月牙片、柳叶片、斧片、牛舌片、梳子片、夹刀片、指甲片等。

切片的过程中，左手按原料要稳，不轻不重，右手持刀平稳，用力轻重一致，并随时保持墩面和刀面干净。片的质量应厚薄均匀、长短一致、断连分明。片的形状主要有：

长方形片：又叫"骨牌片"。片长而薄、形如骨牌，有大、中、小片之分，通常厚度不高于0.3厘米，长度为4~10厘米，多用于植物性原料。

菱形片：一般用切、片等刀法制成，形似象眼，故也叫"象眼片""斜方片"。一般厚度不高于0.3厘米，对角线长短为3~5厘米，多用于植物性原料和配料。

月牙片：将圆柱形原料顺长对剖开，再按一定角度斜切成薄而细长形的半圆形片。

柳叶片：这种片薄而窄长，形状像柳树的叶子。一般用切或削的刀法加工而成。

斧片：将原料切成上厚下薄形如斧的片，如海参片等。

牛舌片：又叫"刨花片"。一般先把原料改成长方块，再用片刀法将原料制成片薄而长、自然卷曲、形似牛舌（或刨花）的形状。

梳子片：也叫"鱼鳃片"。方法与梳子花刀类似。

夹刀片：又叫"连刀片""合页片"。凡一段切开成为两片，另一端连在一起的片，叫作夹刀片。即用切的刀法，一刀不断，一刀切断。

指甲片：也叫"丁片"。是将原料加工成指甲状的方形或菱形薄片，常用于配料。

二、丝

丝是将原料经刀工处理后形成细而长的形状，长度为 6~10 厘米。切丝时先要把原料加工成片形，再将原料累叠起来，切成丝。排叠方法主要有三种：

（1）层叠形叠法　将片由下而上一片片累叠起来再切成丝，如切萝卜丝、豆腐干丝。

（2）阶梯形叠法　也叫"瓦楞形"叠法。指将片依次排叠成阶梯形，再切成丝，如切肉丝。

（3）卷筒形叠法　将片卷成筒后再切成丝，如切海带丝、蛋皮丝。

切丝要求做到长短一致、粗细均匀、丝丝断根，方法可分为顺切、直切、斜切三种，业内讲究"横切牛、斜切猪、顺切鸡"，这是根据原料的性质和纹理而说。

大粗丝：又叫"头粗丝"。丝体较长较粗，粗约 0.3 厘米，如干煸牛肉丝中的牛肉丝。

二粗丝：丝体较细较短，粗约 0.2 厘米，如肉丝、鱼丝。

三粗丝：粗细形如火柴梗，粗约 0.15 厘米，如火腿丝、香菇丝。

细丝：又叫"针丝"。长短不拘，要求极细而均匀，形如银针，成品有时也叫"松"，如葱丝、土豆丝等。

丝的具体粗细应根据原料性质和烹调方法而定，质韧而坚的原料，用烩、煮、汆等烹调方法的应切细一些；嫩软易碎的原料，用炒、炸等烹调方法的应切粗一些。

三、块

块是将原料用切、劈、砍、剁等刀法处理后，形成不同规格的立体形状。质地松软、脆嫩无骨及加热时间长的原料块应大些；质地坚硬、带骨带皮及加热时间短的块应小些。块要求厚薄均匀、大小相等。块的主要形状有：

长方块：形状如骨牌，故又叫"骨牌块"。一般长约4厘米、宽约2厘米、厚约1.5厘米。

方块：指厚薄均匀、长短相等的块形。边长3厘米以上的为大方块，边长3厘米以下为小方块。

菱形块：又叫"象眼块"，先把原料切成长条，再斜切成菱形的块。一般厚约1.5厘米，对角线长短为2~4厘米。

滚刀块：这是用滚刀切的方法加工而成。一般用于圆形植物性原料，如黄瓜、土豆、山药、萝卜等。加工时必须先在原料的一头斜着切一刀，再将原料向里滚动，再切一刀，这样连续地切下去，直至把原料切完。滚刀块的大小与滚动的幅度成正比，具体根据烹调的需要而定。

瓦块：从原料1厘米左右处斜刀片进（不可片断），再间隔1厘米一刀斜片下，形如两块相连的瓦片，如瓦块鱼。

劈柴块：先将原料顺长切成两半，再用刀背拍打（不可太碎），切成条形的块，其长短厚薄不一，因形似劈柴，故得名。多用于冬笋或茭白等原料。另外，凉拌黄瓜也有用劈柴块的。

象形块：原料经过剞刀法加工后形成各种形状的块，如菊花块、荔枝块。

四、条

条是先将原料片成厚片再切成条，其粗细取决于片的厚薄，长短取决于片的大小。条有粗细之分，粗条一般长 4~6 厘米，宽、厚各 1.5 厘米；细条长 4~6 厘米，宽、厚各 1 厘米。按其形状分为一指条、筷子条、象牙条、凤尾条、眉毛条等。

五、段

段又叫"节"，是把原料切成或长或短的段，用作主料的应长一些，如黄鳝、蒜苗；用作配料的应短一些，如葱段。一般用剁或切的刀法制成，每一种的具体要求，根据原料的性质和烹调的需要而定。

六、丁、粒、末、蓉泥

丁的成形是先将原料切或片成厚片，再将片切成条，然后再顶刀切成丁。丁的种类很多，常用的有豌豆丁、骰子丁等，一般大小为 0.5~2 厘米见方。

粒是用切或剁的方法加工成 0.3 厘米见方的小丁，又叫"绿豆丁""碎米"。

末的大小略小于米粒，一种是用剁的方法，另一种是先切成丝，再横切成末。

蓉泥是把原料加工成极细小的茸状，用剁、捶、剔、刮等方法处理成形的叫茸，适用于动物性原料，如鸡茸、鱼茸等；先把原料制熟，用按、压、搅等方法处理成形的叫泥，适用于植物性原料，如南瓜泥、土豆泥。

第三节　食品雕刻

食品雕刻是一门美化宴席、陪衬菜肴、烘托气氛、增进友谊的造型艺术，就是把各种具备雕刻性能的可食性原料，通过特殊的刀法，加工成造型美观、吉庆大方、栩栩如生，具有观赏价值的"工艺"作品，使人们在得到物质享受的同时，也能得到审美享受。食品雕刻花样繁多，取材广泛，无论古今中外，花鸟鱼虫，风景建筑，神话传说，都可以通过这种艺术的形式表现出来，并赋予菜肴吉祥如意、和谐美好的寓意象征。

一、食品雕刻的常用原料

食品雕刻的常用原料有两种：一种是既能食用，又能供观赏的熟食食品，如蛋类制品；另一种是质地细密、坚实脆嫩、色泽纯正的蔬菜的根、茎、叶及瓜、果等，也是目前最为常用的一类。现将食品雕刻原料的特性及用途介绍如下：

青萝卜：体形较大、质地脆嫩，秋、冬、春三季均可使用，是比较理想的雕刻原料，适合刻制各种花卉、飞禽走兽、风景建筑等。

胡萝卜、水萝卜、莴笋：这三种蔬菜体形较小，颜色各异，适合刻制各种小型的花、鸟、鱼、虫等。

红菜头：又称血疙瘩，色泽鲜红，体形近似圆形，适合雕刻各种花卉。

白菜、洋葱：这两种蔬菜只能刻菊花、荷花等一些特定的花卉，用途较为狭窄。

马铃薯、红薯：质地细腻，可以刻制花卉和人物。

冬瓜：皮色青，肉色白，肉质细嫩，呈椭圆形，小冬瓜可雕刻冬瓜盅，大冬瓜可雕刻平面镂空的装饰图案等，专供欣赏。

西瓜：皮有深绿、嫩绿等色，瓤有红、黄等色，呈圆形或椭圆形，可雕刻西瓜灯、西瓜盅等。

南瓜：皮肉均呈橙色，肉质鲜嫩，呈扁圆形，可雕刻南瓜灯等。

黄瓜：可以用来雕刻昆虫，加工后起装饰、点缀的作用。

青椒、香菜、芹菜、茄子、葱白、红辣椒、红樱桃、赤小豆：主要用来做雕刻作品的装饰。

选择好食品雕刻的原料，是做好食品雕刻工作的基础，应该注意以下几条原则：

第一，蔬菜原料的季节性很强，要根据季节来选择原料。

第二，每一个雕刻作品都应有自己的主题，要根据雕刻作品的主题进行选择，不能没有目的地胡乱雕刻。

第三，选择的原料，尤其是坚实部分必须无缝隙，纤维整齐、细密、分量重、颜色纯正，这样才能雕刻出表面光洁、具有质感，从而使人们感受到它的美。

雕刻完成后，成品的保存方法有两种，一种是低温保存法，即将雕刻好的作品放入水中，移入冰箱或冰库，以不结冰为宜，使其长时间不褪色，质地不变，以延长使用时间；另一种方法是将雕刻好的作品浸泡到清凉的水中，可放少许白矾，以保持水的清洁，如发现水质变浑或有气泡需及时换水。

二、食品雕刻的类型和工具

食品雕刻所涉及的内容非常广泛，品种也多种多样，采用的雕刻形式也有所不同。根据工艺的不同，大致可分为以下四种：

1. 整雕　又叫立体雕刻，选用体形较大的一整块原料雕刻成立体的艺术形象，形象逼真，具有完整性和独立性，不需要其他雕刻品的参与和衬托，在雕刻技法上难度较大，要求也较高，具有真实感强和实用性强等特点。

2. 浮雕　顾名思义就是在原料的表面上表现出画面的雕刻方法。浮雕又有阳纹浮雕和阴纹浮雕之分。阳纹浮雕是将画面之外的多余部分刻掉，留有凸形，高于表面的图案；阴纹浮雕是用"V"形刀，在原料表面插出"V"形的线条图案。阳纹浮雕适合于刻制亭台楼阁、人物、风景等，具有半立体、半浮雕的特点，可根据画面的设计要求，逐层推进，达到更高的艺术效果，但雕刻难度较大、要求较高；阴纹浮雕表现效果不如阳纹浮雕，但操作时较为方便。

3. 镂空　一般是在浮雕（形成）的基础上，将表面刻画图案中不需要的部分挖去，形成空、透特色，以便更生动地表现出画面的图案，如"西瓜灯"等。

4. 模扣　指用不锈钢片或铜片弯制成的各种动物、植物等的外部轮廓的食品模型。使用时，先将雕刻原料切成厚片，把模型刀放在原料上，用力向下按压成型，然后将原料一片片切开，或用于配菜，或点缀在盘边。如果原料是蛋糕、火腿等熟制品，可直接入菜食用。

5. 组装雕刻　常用多块的原料分别雕刻成作品的各个部件，然后再组装成完整的物体的形象。特点是雕刻方便，色彩丰富，形象逼真，成品立体感强。

食品雕刻的工具没有统一的规格和式样，它是厨师根据实际操作的经验和对作品的具体要求，自行设计制作的，由于不同地区的厨师雕刻手法的不同，所以在工具设计上也有所不同。常用的制作工具有平口刀、尖口刀（斜口刀）、插刀、模型刀以及镊子、剪子等。

三、操作特点与运用手法

果蔬雕刻通常一次成形，去掉的体积，不可能再补，倘若下刀去料失误，只能用缩小比例的方法修整成形。在减料成形的过程中，形体的呈现，主要是通过形体"凸""凹"的对比与转化来实现的。

1. 榫接　指利用形体的凹凸榫缝，互相咬合，接稳形体，达到造型连贯一致。要求接合处丝纹合缝，看不出咬合的痕迹。

2. 拉抻　如用胡萝卜切成长方体，双对面分别交错等距直切1/3 深度，然后再片成大薄片，拉抻后即成为渔网形。

3. 卷裹　如用胡萝卜长方片对折，在折叠处等距、等长地切上均匀的缝口，再从一端卷到另一端即成绣球花；也可将西红柿削成长条片，再卷裹成月季花。

4. 变形　食品雕刻中，利用原料形体厚薄不均，吸水或失水后，在弹性、张力、应力作用下自然扭曲变形。例如，用大黄菜梗刻菊花，经水泡后，形成巧夺天工的娇姿。再如，瓜灯上的瓜环、鸟的羽毛，不经水泡，无法挺括、卷翘。

5. 插接　用牙签将不同的形体插夹在一起，形成作品，多用于组装雕刻。

6. 折叠、扭转　将黄瓜、萝卜切蓑衣刀，折叠扭转成佛手、兰花形状。

7. 粘接　多用瞬间黏合剂来粘贴形体或连接形体断裂部位。

四、雕刻手法和常用刀法

雕刻时，手执刀的各种姿势被称为雕刻手法。在食品雕刻过程中，执刀的姿势需随着作品不同形态的变化而变化，才能达到预期的效果，符合主题的要求。因此，只有掌握了雕刻手法，才能灵活运用各种刀法，从而雕刻出近乎完美的作品。常用雕刻手法一般有以下几种：

执笔手法：指握刀的姿势形同握笔，用拇指、食指、中指捏稳刀身。主要适用于雕刻浮雕画面，例如西瓜盅等。

插刀手法：插刀手法与执笔手法大致相同，区别是小指与无名指必须按在原料上，以保证运刀准确，不出偏差。

横刀手法：右手拇指贴于刀刃的内侧，四指横握刀把。运刀时，用拇指按住所要刻的部位，在完成每一刀的操作后，拇指自然回到刀刃的内侧。适用于各种大型整雕及一些花卉的雕刻。

纵刀手法：指拇指贴于刀刃内侧，四指纵握刀把。运刀时，腕力从右至左匀力转动。适用于雕刻表面光洁、形体规则的物体，例如圆球、圆台以及各种花蕊的坯形等。

与墩上加工切配菜肴原料时所用的刀法不同，食品雕刻的刀法

自有其独到之处。根据前辈厨师在雕刻技法和在食品雕刻过程中的具体实践,食品雕刻的刀法可总结为如下几种:

1. 镂　指雕刻作品时达到一定的深度或透空时所使用的一种刀法,多用于西瓜盅、西瓜灯等雕刻。

2. 刻　刻是雕刻中最常用的刀法,始终贯穿于雕刻过程中,即在原料上用直刀刻出与母体连接、层次分明的各种片状,多用于雕刻平面花瓣的花卉;或用斜口刀在原料中部由下向上,先刻好花朵的外面几层花瓣,再用小刀在原料的顶部,由内向外翻刻好花朵里面的几层花瓣,多用于半开放花朵的雕刻;也可用各种圆口刀或槽口刀在原料的表面刻出各种方槽形、尖槽形和圆槽形的图案,多用于瓜灯、瓜盅的雕制。

3. 旋　旋的刀法多用于各种花卉的刻制,它能使作品圆滑、规则,又分为内旋和外旋两种方法。内旋适合于由里向外刻制的花卉或两种刀法交替使用的花卉,如马蹄莲、牡丹花等;外旋适合于由外层向里层刻制的花卉,如月季、玫瑰等。

4. 插　将刀具插入原料后向前推进到一定深度的刀法。形成一端与主体相连接的弯曲有致、粗细有序的条形,多用于花卉和鸟类的羽毛、翅、尾、奇石异景、建筑等作品,它是用特制的刀具所完成的一种刀法。

5. 切　用直刀将原料由上向下直切,使原料大面积分开,这种刀法主要适用于取料和修整外形。

6. 削　指把雕刻的作品表面"修圆",使表面光滑、整齐的一种刀法。常作为辅助刀法运用,有时也可与旋并用。

7. 抠　即在雕刻作品的特定位置使用各种插刀抠去多余的部分。

8. 转　指在特定雕刻的物体上表现的一种刀法，具有规则的圆、弧形状。

9. 模压　模压是直接用模型刀具切压成片状的原料，从而得到所需的花形片；或者先将原料切成块或厚片，用各种形状的模型刀具将原料切压成定形的坯料，再加工成片的方法。

10. 画　画一般使用斜口刀，是在平面上表现出所要雕刻的形象的大体形状、轮廓，对于雕刻大型的浮雕作品较为适用，如雕刻西瓜盅时多采用此种刀法。

第四节　整料出骨和分档取料

一、整料出骨

所谓整料出骨，是剔出鸡、鸭、鱼整只原料中全部或主要的骨骼，而基本保持原料原有完整形态的一项加工技术。整料出骨是根据一些精细菜肴的需要进行的，在操作时要耐心细致，在选择取料时要精细。另外，宰杀加工要符合整料出骨的要求，不能磨损外皮。

整料出骨的作用主要体现在以下三个方面：

1. 促进形态美观，便于食用　经过整料出骨的鸡、鸭、鱼等原料，躯体因去掉了坚硬的骨骼而变得柔软，便于改变形态，制成有象征性的精美菜肴，例如荷包鲫鱼、葫芦鸭子等。同时，食客在食用时省去了吐骨的麻烦。

2. 原料易于入味，便于加热成熟 鸡、鸭、鱼的完整组织形态，不仅在一定程度上阻碍着热能向内部的传递，而且不利于调料向原料内部的扩散及渗透。经过整料出骨后的原料，虽然外形仍保持完整，但其内壁组织却遭受了较大程度的破坏，可以促进成熟，利于入味。原料内腔填满辅料和调料时，这一作用表现得更为明显。

3. 展示精湛厨艺，提高菜肴价值 加大工艺的复杂性和技术的难度，是提高菜肴价值的重要手段。同样的原料烹调出的菜肴，价值高低除取决于辅料和调料的贵贱之外，再就是决定于工艺的难易程度。因此，尽管利用鸡、鸭、鱼制作的菜肴数不胜数，但价值却各不相同。整料出骨是一种工艺性较强、技术难度较大的原料加工技术。通过整料出骨制作的菜肴，既充分展示了厨师的刀工技艺，又可以在去掉骨骼后填入其他原料，达到营养的互补，提高营养价值。

二、分档取料

分档取料就是根据不同的烹调要求，对已经宰杀和初步加工的家禽、家畜、鱼类等整只原料，按其不同的肌肉组织，不同的骨骼部位，不同质地的肉块，准确地用刀进行分档切割、剔取的方法。

1. 分档取料的作用

（1）提高菜肴质量，突出烹调特色 在烹调过程中，由于组织结构的差异，同一种原料的不同部位会产生不同的变化，从而左右菜肴成品的质感。因此，需要根据烹调方法和菜肴特色的不同，选用不同部位的原料，做到因菜取料和因料施法，这样才能保证烹调特色和菜肴质感。例如猪肉，扣肉应选用五花肉，炒肉丝应选用里脊肉，冰糖原蹄应选用肘肉等，否则就达不到各类菜肴应有的质感和特色要求。

（2）合理使用原料，避免浪费　体大肉多是家禽、家畜类原料的一大特点，特别是家畜。它们的肉品质量随部位而异，部位不同，特性有别。因此，要根据其质量的差别，用各种适宜的烹调方法，将不同部位的原料进行合理的烹饪加工，做到物尽其用、避免原料浪费。

2. 分档取料的关键

（1）必须熟悉原料的各个部位，准确下刀　例如，从家禽、家畜的肌肉之处的隔膜处下刀，可以基本分清原料不同部位的界限，进而保证所用不同部位原料的质量。

（2）必须掌握分档取料的先后顺序　只有按照一定的先后顺序取料，才能保持原料各个部位肌肉的完整，从而保证所取用原料的质量，同时可避免原料浪费。

三、实例操作

1. 鸡的整料出骨的方法及关键　整鸡出骨可分以下五个步骤：

（1）划开颈皮，斩断颈骨　先在鸡颈右侧、翅肩上约两寸（1寸≈3.3厘米）处划一直刀口，长约两寸，然后将颈骨从刀口处拉出，连同鸡放在砧板上，用刀尖将颈头斩断，拉出即可。

（2）出翅膀骨　从颈部的刀口处，将皮肉翻开，连皮带肉缓缓向下翻剥，剥到两个翅膀的关节（骱骨）露出时，用刀将连接关节的筋腱隔断（割时刀贴骨），使翅膀与鸡腔骨脱离，再将一粗一细两根翅骨抽出，于翅膀的转弯处斩掉。

（3）出鸡身骨　将鸡的胸部朝上，平放在砧墩上，一手按住鸡胸前龙骨突起处（即胸部尖骨），将皮肉继续向下翻剥，剥时要小心，不要使骨尖戳破皮肉。特别是要注意鸡的背部，因背部肉少而薄，稍不小心，就会碰破。应一手拉住鸡颈，一手拉住鸡背部的皮肉，轻轻翻剥，如遇到皮骨连接较紧、不易剥下时，可用刀刃将肉骨轻轻割离，再行翻剥。剥到腿部则应将鸡胸朝上，一手执左大腿，一手执右大腿，并用拇指扳着剥下的皮肉，将两腿向背部轻轻掰开，使大腿关节露出，用刀将连接关节的筋腱割断，使大腿骨和鸡身骨脱离。然后继续向下翻剥，剥至肛门，把尾椎骨割断，使鸡身骨与皮肉分离，注意不要把尾部的皮割破。再将肛门处直肠割断，洗净肛门中的粪便。

（4）出腿骨　在上下关节的腿皮各割一刀口，然后将皮翻开，用刀背把小腿骨上下斩断，注意不要斩断皮肉，抽出小腿骨。再将小腿关节开口处的皮向大腿上翻，使大腿骨露出，然后用刀背斩断大腿，再用刀在大腿骨与肉相连处刮一刮，使骨肉分离，左手抓住腿肉，右手握住露出的骨端，用力抽出大腿骨。

（5）翻转鸡皮　主要鸡骨抽出后，应用清水将鸡肉洗净，再翻过面来，使鸡皮朝外，鸡肉朝里，从外观上看，仍然是一只形态完整的鸡。

2. 鸡的分档取料和应用　鸡、鸭、鹅等禽类原料的骨骼结构及肌肉组织结构基本相同。以鸡为例，隔年鸡宜制汤；当年鸡宜吃肉，按其部位可分为：

鸡头：肉少骨多宜制汤。

鸡颈：主要是皮，皮下含有淋巴（食用时应去除），皮韧而脆，肉少而细嫩，可用于制汤、煮、卤、酱、烧等。

脊背：指鸡背部两边各有一块像板栗的肉，俗称"栗子肉"，无筋肉薄，宜切丁烹制。可爆、熘、炒等。

鸡翅膀：多为筋和结缔组织，肉少骨多，宜酱、卤、制汤。

鸡脯肉：即鸡的胸脯肉，是鸡肉中最细嫩的地方，俗称"鸡芽子"，宜砸茸、切丁、片、丝等。可汆、炒、爆、熘等。

鸡腿：肉较厚、筋多、较老，宜切丁块。可烧、炸、烤等。

鸡爪：又称"凤爪"，皮厚筋多，含丰富的胶原蛋白，可酱、卤、煮、制汤；也可用于制作冷菜。

鸡心、鸡胗、鸡肝：可炸、炒、熘等。

鸡肠：可熘、炒等。

鸡血：可吊汤、制汤。

鸡油：可作为精细菜肴的明油和炸制等用油。

第五节　勺工基本要求

勺工即操作运用炒勺和铁锅的基本功，就是在菜肴烹调过程中，结合不同技法、不同要求而运用炒勺、铁锅的一项基础技术动作。

一、运用的方法

勺工由握勺、翻勺、出勺三项技术内容组成，以翻勺技术最为关键。在烹饪的各项技术中，翻勺是最为基础的基本技能之一。

勺工动作的基本要求，主要有以下几点：

1. 要做到握勺姿势正确　一般是用左手握勺，手心转右向上，贴住勺柄，拇指放在勺子柄上面，然后握住勺柄，握力要适中，以握住、握牢、握稳为准，不要过分用力。假如是双耳锅，则左手用一块折叠好的抹布将手掌遮住，大拇指勾住锅耳，其余四指并拢，掌心向着锅沿，紧贴锅沿，握锅时五指同时用力，夹住炒锅。这样便于在翻锅过程中充分发挥腕力和臂力的作用，达到翻锅的灵活和准确。再用右手握住手勺，握时要用拇指按住手勺左侧，食指前伸贴在手勺柄的上面，中指、无名指、小指和手掌握住手勺柄的顶端，起勾拉作用。在烹调过程中，握炒勺的左手和握手勺的右手要配合默契。

45

2. 勺功最重要的动作是翻勺　翻勺技术的好坏对菜品质量关系重大，翻勺的方法很多，大致可分为小翻和大翻两类：

（1）小翻　小翻也叫"颠"，就是将炒勺向上颠动，使勺中菜肴原料翻动。它的特点就是左手握住炒勺，不断向上颠动，使勺内的菜肴松动、移位，以达到受热均匀、调料入味、芡汁包裹均匀的目的。菜肴颠动时，要离开勺底，但不能超出勺口，即在勺内滚动，由于操作动作较小，菜肴翻动的幅度也较小，因而称为小翻。小翻适用于炒、爆、熘、烹一类菜肴。而且，勾芡时也要用小翻勺的技法淋入水淀粉，边翻动主料，使汤汁变稠，分布均匀，达到明油亮芡的最佳效果。

小翻勺主要是靠腕力的作用，前推后拉，在左手翻勺的过程中，持手勺的右手要给予密切的配合。一方面要及时持勺调味和勾芡，使菜肴均匀地入味和上芡；另一方面要协调翻动，使菜肴受热充分、调味均匀，还要推动菜肴助翻。例如烹制宫保鸡丁，必须用小翻勺的技法来完成，使菜肴达到入味均匀、紧汁抱芡、明油亮芡、色泽金红的效果。小翻勺的技术要求是：动作敏捷协调，干净利落。

（2）大翻　就是左手推炒勺，要用力向上一翻，使勺内菜肴不但全部大翻个，而且超出勺口。由于翻动的动作较大，因而叫大翻。大翻时，要同时运用腕力和臂力，不但要翻过，还要翻得准确、整齐，翻前什么样，翻后也什么样，无汁菜（如摊黄菜）是如此，带汁菜（扒鱼翅等）也是如此，全部要保持原形原样，不散不乱。因此，大翻技术难度较大，应多加练习，做到熟练掌握并灵活运用。

由于各地厨师的习惯不同，大翻分为左翻、右翻、前翻（顺翻）、后翻（倒翻）等几种翻法，但基本动作都是一样的。例如左右翻的左翻法，在端起勺后，向左运行，这时勺口转右上方，手腕力向左上方一扭、一扬，菜肴离勺，在上空翻身，落入勺内。右翻法的动作相同，方向不同。再如前后翻的前翻法，即左手握勺端起，略向身边一拉，紧跟着向前一送，就势向上一扬，把勺内的菜肴抛向勺的上空，但在上扬的同时，勺的前缘略向里勾拉，让离勺的菜肴在空中翻身后回落到勺中，将其托住。后翻法的动作和前翻法的一样，只是方向相反，动作要领也一致，即要求拉、送、扬、托四个动作要特别敏捷并密切配合。通常来说，翻法随个人习惯而定，但从安全操作来说，左右翻比前翻好，原因是前翻的角度较难掌握。若翻不好，芡汁容易溅出，很可能烫伤身体；芡汁较多时，用后翻法比较安全。大翻勺的动作要敏捷准确、协调一致。

二、出勺与装盘

出勺是烹调过程中一个重要的环节，也是勺工必须掌握的重要内容，不仅具有技术性，而且具有较高的艺术性。尤其是讲究菜形的大翻勺菜，出勺落盘，必须保持原形整齐美观。不同技法、不同类型的菜肴，都有不同的出勺方法。例如拖入法、倒入法、盛入法、扣入法、扒入法、覆盖法，这里仅介绍小翻、大翻菜的出勺方法。

小翻菜有很多种出勺方法，炒爆菜的出勺，一般先将部分菜肴颠入（或抖入）手勺，将其余菜肴盛入盘内，再把手勺内的菜肴扣上或盖上。炒菜多用盖法，例如炒虾仁，先将大而匀的虾仁颠入手勺内（或拉入一边），再把小而碎的虾仁垫底，然后将大虾仁盖在上面，显得整齐美观。爆菜多用扣法，即菜肴成熟时颠勺，使一部分菜肴颠下手勺，其余菜肴盛入盘内，扣上成馒头形，显得圆润饱满。

　　大翻菜的出勺通常用倒入法或拖入法，菜肴在勺内大翻后，再略转动几下，以防粘底，然后端勺从盘的右边向左移动，一边移动，一边拖倒，使勺内菜肴均匀拖入盘内，不能翻身，排列成为整齐的平面，保持原样的美观菜形图案。使用这种出勺法应注意：勺离盘角度合适，不宜太高，以免导致菜肴翻身、散乱，拖倒时勺身倾斜，一边拖倒，一边移动，迅速敏捷，干净利落，要趁热拖倒。另外，应谨防勺底贴于盘面。

第二章

配菜技巧

▶ 第一节　配菜的作用和意义

　　配菜，也称配料，就是根据菜肴的质量要求，把经过加工整理、改刀后的烹调原料加以科学配合，使其成为完整的烹制的菜肴半成品。简单地说，配菜就是菜肴原料之间的配合。配菜在整个菜肴加工制作过程中有着十分重要的地位。从严格意义上说，配菜就是一个设计过程。配菜人员既要考虑前面加工形成的刀工，又要考虑烹调的技术，不仅直接关系到菜肴的色、味、香、形的优劣，还关系到菜肴的营养成分、成本和原料的合理利用等方面。

一、配菜的作用

　　烹饪原料经过刀工处理之后，在进行烹制之前，还要经过配菜这一中间环节。掌勺的厨师烹制什么菜肴，配什么料，都由配菜厨师安排配置。配菜的好坏，对菜肴的质、量、色、香、味、形、营养及成本核算、菜品研发都有着直接影响。具体来说，配菜的基本原则如下：

　　1. 配菜决定菜肴的质和量　　菜肴的品质由原料决定，固然还有刀工、火候、烹调技术、调味等多方面的因素，但配菜是其中一个十分重要的环节。各种原料的选择与确定，主、辅料的配合比例是否得当，整个菜肴的内容构成是否科学，都与菜肴的质量有密切的关系。

　　菜肴的量，是指菜肴中各种原料的数量，尽管通常有一定规格可循，但配菜者是否能按规格办事也非常重要，假如投料分量与配合比例不合理，会影响菜肴的质和量。

2. 配菜基本决定菜肴的色、香、味、形　菜肴的颜色有的来自主料本身，如白切鸡，其颜色是鸡肉的白色与鸡皮的微黄色的配合；有的来自主辅料的配搭，如酿七星鸡，把虾胶与香菇、赤肉、火腿末搅拌后镶入每块鸡肉内，再在上面加一粒青豆，色彩艳丽美观。

各种原料都有其固有的味道，将其合理、恰当地搭配，再加上烹调中的调味技巧，便形成了各种美味的菜肴。例如，烧鱼配适量的姜丝、葱丝、红辣椒，能去鱼腥味，使鱼的鲜味更加突出。

刀工决定着原料的外形，但配菜决定着菜肴的整体外观。各种原料均有其独特而固定的色、香、味等性质，配菜时适当地将形状相似的或相异的组合在一起，使之成为错综且调和的形状，可互相弥补色、香、味、形中任一点之不足。可见，配菜直接关系到菜肴的色、香、味、形。

3. 配菜决定菜肴的营养价值　一桌筵席菜肴各种营养成分的合理配置，经设计确定以后，就需在每一款菜式中体现出来。配菜要符合每款菜肴的标准设计，主辅料的搭配可以确保平衡膳食的实现。不同原料有不同的营养成分含量，即使是同一种原料，由于部位的不同，其营养成分的含量也有差异。

配菜要尽量使所烹制的菜肴的营养更丰富、更全面，使食用者吸取更多、更全面的营养。各种新鲜的肉类配以新鲜细嫩的蔬菜，是非常普遍采用的配菜形式。其中，蔬菜含维生素多，肉类含蛋白质和脂肪多，一种菜肴如果有菜有肉，就必须准确掌握投放比例，使菜肴能有最优的营养素配合与互补，如芹菜炒肉丝等。

4. 配菜决定菜肴的成本　配菜时所采用材料的价值、分量的多少、等级的区分、粗细的差别等，将直接影响菜肴的成本。同一原料，有等级之分，有精粗之别；一碟菜所需原料的多少，虽有确定的标准，但实际工作中可变性大。如果投料过量，餐馆就可能赔本，不仅会影响菜肴品质，也会使消费者蒙受损失，因菜肴成本提高势必会转嫁给消费者，而影响经营上合理的收入。

总之，不同原料的配合、高超的刀工技艺和熟练的烹调方法，共同形成了多姿多味的各色菜肴。配菜过程中的刀工、色彩、质地、荤素、营养等搭配理念，更是厨师创新菜肴品种的重要基础。

二、配菜厨师的要求

作为配菜厨师，要达到合理经济、营养美观的配菜效果，则应注意以下几个方面：

1. 熟知本店菜肴的原料及烹制方法　酒店餐馆通常都制作有菜谱或菜牌，每式菜都有自己的名称，以方便顾客点菜。配菜厨师对本酒店每款菜式的知识都必须了如指掌，大致包括需要哪些原料及主辅料的比例、采用何种烹制方法、需经过哪些加工烹制程序以及成品菜肴的风味和质感等。

2. 通晓刀工与烹调方法，准确掌握原料配搭　配菜厨师的任务是配搭原料，通常不承担刀工任务，但只有通晓刀工知识与操作，才能检验供给的原料是否齐备、充足。为保证各种原料投放的数量比例，配菜厨师还必须熟悉烹调方法，才能按菜肴的烹调环节及时配菜。

3. 重视菜肴中营养成分的合理配搭　各类原料的营养成分是不同的，合理配搭菜肴的营养成分，无论对酒店整体还是配菜厨师个人都非常必要。配菜厨师应该勤学苦练，广泛全面学习有关知识，熟悉各种原料的营养成分，才能合理、科学地搭配原料，提高菜肴的营养价值。

4. 了解市场行情，掌握成本核算　配菜者必须对市场信息非常了解，这是准确进行成本核算的前提，包括各种原料的原始进货价和当前的市场价格等。然后通过成本核算，既使酒店获得合理利润，又让消费者的利益得到保障。

5. 不断提高素质，创造出新的花式品种　配菜师傅要富有创新精神和创新理念，不仅要掌握传统菜肴的配制方法和标准，要有专业的文化素养和底蕴，而且要不断提高审美能力，根据原料刀工、烹调特点的不断创新，设计创造出营养价值高、式样新颖、味道鲜美、为广大消费者所喜爱的新菜肴。

第二节　配菜的基本原则

配菜就是根据菜肴品种和各自的质量要求，将经过刀工处理、两种或两种以上的主料和辅料适当搭配，使其成为一份完整的菜肴原料。配菜的恰当与否既关系到菜肴的色、香、味、形和营养价值，又决定整桌菜肴能否协调。一般说来，配菜有以下几点基本原则：

1. 量的搭配

第一，各种原料的用量，要突出主料，即配制多种主辅原料的菜肴时，应使主料在数量上占主体地位。例如炒肉丝蒜苗、炒肉丝韭菜等应时当令的菜肴，主要是吃蒜苗和韭菜的鲜味，因此配制时就应使蒜苗和韭菜占主导地位，如果时令已过，此菜就应以肉丝为主。

第二，配制无主、辅原料之分的菜肴时，各种原料在数量上应基本相当、互相衬托，例如熘三样、烩什锦、爆双脆等。

2. 质的搭配

（1）同质相配　即菜肴的主、辅料应软软相配，如鲜蘑豆腐等；脆脆相配，如油爆双脆等；韧韧相配，如海带牛肉丝等；嫩嫩相配，如芙蓉鸡片等。如此搭配，能使菜肴生熟一致、吃口一致，既符合烹调要求，又各具特色。

（2）荤素搭配　动物性原料配以植物性原料，例如芹菜肉丝、豆腐烧鱼、滑熘里脊配以适当的瓜片和玉兰片等。这种荤素搭配既有利于营养物质的吸收，又增强了菜肴的美观，是中国菜的传统做法。

（3）贵多贱少　指用贵物宜多，用贱物宜少，尤其是高档菜肴，这样可保持菜肴的高档性，例如三丝鱼翅、白扒猴头蘑等。

3. 味的搭配

（1）浓淡相配　以辅料的清淡味衬托主料的浓厚味，如"三圆扒鸭（三圆即胡萝卜、青笋、土豆）"等。

（2）淡淡相配　这类菜以清淡取胜，如烧双冬（冬菇、冬笋）、鲜蘑烧豆腐等。

（3）异香相配　主料、辅料各具不同的特殊香味，使鱼、肉的醇香与某些菜蔬的异样清香融和，别有一番风味，如芹黄炒鱼丝、芫爆里脊、青蒜炒肉片等。

（4）一味独用　有些烹饪原料不宜多用杂料，味太浓重者，只宜独用，不可搭配，如蟹、鳖、鳗、鲥鱼等。另外，北京烤鸭、广州烤乳猪等都是一味独用的菜例。

4. 色的搭配　色彩搭配的一般原则是配料衬托主料，要求美观、协调、大方、有层次感。

5. 形的搭配　这里所说的"形"，是指经刀工处理后的菜肴主、辅原料之形状。菜肴不讲究外观，胡乱地把烹制的原料堆在盘子里，只能给人以仓促、草率之感，不能令人畅快；具有整齐美好外观的菜肴，却能使顾客心欢意悦。形的搭配方法有同形配和异形配两种，同形配指主辅料的形态、大小等规格保持一致，例如炒三丁、土豆烧牛肉、黄瓜炒肉片等，分别是丁配丁、块配块、片配片，这样可使菜肴产生一种整齐的美感；异形配指主、辅料的形状不同，大小不一，例如荔枝鱿鱼卷，主料鱿鱼呈筒状，配料荔枝则为圆形，这类菜在形态上别具一格，有一种参差错落的美。

第三节　配菜的基本方法

配菜需要讲究一定的方法，烹制的菜肴既要吃起来美味爽口，又要看起来赏心悦目、诱人食欲。配菜的基本方法可概括为三大类。

一、根据烹制的基本要求进行配菜

配菜时，色、香、味、形、养各个方面的配合，都必须和谐协调，合理得当。

1. 关于颜色的配合　各种菜肴的原料各有其色。这些色彩经烹调后将产生不同程度的变化，配菜时须引起重视。菜肴颜色的配合，其实是主、辅料色泽的配合。一般是以辅料衬托或突出主料，其形成的色泽，可以分为顺色、花色、异色三种。

顺色：即主辅料颜色相同或相近。此类多为白色，所用调料，也是盐、味精和浅色的料酒、白酱油等。例如炖水晶田鸡，田鸡肉剁成肉丁为白色，敷盖在上面的辅料是虾胶、蛋白、杏仁等，经拌匀蒸熟后也是白色，此菜肴色泽嫩白，给人以清爽之感，食之口感亦佳。

花色：指辅料是多种与主料不同的颜色。多种不同颜色的辅料与主料的配搭，必须根据菜肴的特点，使配色形象生动、协调一致，给人以美的感觉。假如只是凌乱无章的"花花绿绿"，只能让人心生厌烦。例如炒虾仁，虾仁本就白里透红，自然而美丽，若加入一些青豆，更予人清新之感。若加竹笋或茭白，则不能达到色调和谐的效果。又如芙蓉鸡片色彩洁白，若添加几分绿蔬，则更可衬出如芙蓉花般的白色色泽。

异色：指主辅料色彩相反。异色配合若不得当，很可能产生令人厌恶的色彩，特别是动物原料。例如在白色的田鸡肉上盖黑色香菇，容易使人联想到田鸡的状貌而心生恶心。为了突出主料，使菜品色泽层次分明，应使主料与配料的颜色差异明显些，例如以绿的青笋、黑的木耳配红的肉片炒，色泽效果会令人赏心悦目。

配色应根据实际情形而定，要求色彩调和、具有美感，不仅要注意单个菜肴色调的配合，还须注意全桌菜肴色彩的调和。

2. 关于香和味的配合　大多数的菜肴原料有其固有的味道，只有鱼翅、海参、竹笋等极少数原料没有明显滋味。配菜厨师不仅要全面了解原料未加热前的味道，还需了解加热后所产生的香和味以及因烹制方法的不同而引起原料香和味的复杂变化，遵循去腥、提鲜、增香、减腻、助美、抑浓的原则，恰当搭配辅料。例如，同样以蚝（牡蛎）为主料，若采用煎的方法制成蚝烙，其配料是蛋、薯粉，烹成的菜肴极为鲜香可口，乃是潮汕名菜；如用蚝泡汤，则配料不能为蛋品，原因是蚝用以泡汤，鲜美味很淡，蛋在汤中对汤汁不能挥发香鲜味。蚝汤的鲜美味，必须借助肉类，如用上汤或二汤，再配些茼蒿、紫菜或潮汕咸菜，就能有香鲜美味。

一般情况下，菜肴主料的香和味比较突出，配料起辅助与衬托的作用。如果主料本身没有香鲜味或香鲜味较淡，则必须用较浓的辅料弥补，例如焖豆腐盒，由于豆腐本身味淡，因而需要鸡肉、猪肉、虾肉、香菇及其他多种配料，才能使制成的菜肴鲜香浓郁。假如香与味的配合不佳，就会影响菜肴的品质，例如蟹黄狮子头不能添加香菜，否则会使此菜黯然失色。

二、根据菜肴的原料特点进行配菜

热菜菜肴原料的构成可以包含多方面的内容，主要有：菜肴只有主料一种；菜肴既有主料，又有辅料；菜肴有多种不分主次的原料。

1. 配单一原料的菜肴　单一原料的菜肴是指由一种原料构成、无任何配料的菜肴。一般而言，几乎所有的原料都可以单独成菜。然而，采取单一原料时，要突出原料的长处、掩盖短处。由于人们食用单一原料菜肴的主要目的是品尝该原料特有的风味，因此对于选择原料、初步加工及刀工等工作应特别注意。所用蔬菜原料必须新鲜、细嫩，肉类原料必须选用其精华部位，才能突出主料或肥美或鲜香或细嫩的特点。例如清炒豆苗，很多酒店都会将豆苗的老叶或根部去除，用嫩头做菜；又如清蒸鲥鱼，因鲥鱼的鳞片含有丰富的脂肪，口感肥美，故不去除。

假如原料本身乏味，配菜者须把烹调各个环节所需的辅料事前恰当、完整地给予配搭。

2. 配主、辅料兼有的菜肴　主料与辅料的配合，是指一种菜肴，除使用主料外，又添上一定数量的辅料。添加辅料的目的，主要是对于主料的色、香、味、形及营养进行适当的调整作用。辅料的数量与主料的比例多少悬殊不一，需因菜而定。辅料的用法也不同，有的佐味后取出，有的上碟成菜。例如走油肉、香糟扣肉等菜富含脂肪，吃起来非常油腻，如果添加若干蔬菜，不仅可调和过度的油腻，且可平添色彩的鲜艳。又如芙蓉乳鸽，把鸡茸酿在两只鸽肉上，一只鸽在鸡茸肉上撒火腿末，另一只撒芹菜末，炊熟勾芡后上桌。色彩鲜明，一红一青，味道醇香。

主料与辅料相互配合的菜肴，一般主料在品质上占主导或重要地位，辅料则起衬托、辅助或补充的作用，切忌主次不分、喧宾夺主。只有合理配搭主、辅料，才能使成品菜肴更加精美。

3. 配多种原料混合、不分主次的菜肴　配由多种原料组成的不分主次的菜肴，其中"不分主次"并不指数量上的绝对均衡，而是表示在菜肴中的同等地位。如果几种原料的分量与体积或味道的浓淡有显著的差异，需要调整分量，以求达到平衡。这类菜肴的配菜技术较为复杂，应以慎重的态度进行处理，以使各种原料的色、香、味、形达到和谐互补的效果。例如糟熘三白中的鸡、鱼、竹笋等，均应切成片，使色泽洁白，吃起来软嫩可口。配主料与配料不分或配多种原料的菜肴时，要使各种原料搭配的比例大体一致，对各种原料的刀工处理也要力求一致。由于原料的不同，烹制也往往需要根据原料特点，采用不同的方法，分别先后进行，最后合成一个完整菜肴。

无论主副分明或主副不分的菜肴，各种原料均须分别放入各种器皿中，因为调理有先后之分，若混淆在一起，难以分开下锅，可能影响炒煮的时间而损及品质。

三、根据菜肴的造型进行配菜

菜肴讲究色彩、造型，人们习惯称有造型特征的菜为"花式菜"。花式菜是在色与形上加以特别技巧的艺术性菜肴，必须保证原料精美、加工细致、配菜完善，再加上高明的烹调技艺，才能烹制色形俱佳、味美而富营养的可口佳肴。其制作方法有以下几种：

1. 塑　指对菜肴进行形象塑造。例如绣球白菜，以白菜为主料，形似绣球花，烂香软滑。加工时，先将整株大白菜逐瓣剥开，切去菜心，再将剩下的白菜切瓣插入其间隙处，在菜中间装上鸡肉、鸡胗、香菇、火腿等经切细加热入味之后制成的馅料，再用各瓣菜包起，用芹菜茎扎紧，使之状如圆球，蘸淀粉后放进油锅略炒，并加各种辅料慢炖佐味，起锅后再加味料即成。

2. 卷　将有弹性的材料切成片或较大的长方片，再将色味不同的材料切成细丝或茸末，分别排在片上，上面涂上蛋粉糊（鸡蛋加淀粉的糊），滚卷即成。两端可制成各种美丽的形状，例如干炸虾筒，将明虾肉片开压平，中间夹肥肉、火腿、香菇等辅料，然后卷成圆筒形，粘上面粉，再涂上一层蛋白液，经油炸之后，形如筒状，外酥里嫩。

3. 穿　指在动物性原料中穿入切成丝或条的原料，使半成品形状整齐，味道鲜香。例如玉簪田鸡，先抽掉田鸡腿的腿骨，然后把火腿丝、香菇丝、笋片丝一起穿入腿肉中，撒薄粉后过油，再加味料勾芡即可。成品菜肴好似一根根玉簪般整齐美观。

4. 包　指经加工形成各种形状的原料，由薄膜或薄片食品原料如腐膜（腐皮）、猪网油、蛋白皮之类包起来，经油炸或炊等方法，使其形成某一形状。如白鳝包、干炸果肉、鱼肉馄饨等。鱼肉馄饨是先除去大黄鱼骨，再切成大丁，蘸上菱粉，用面棒擀成薄皮，以调味的虾仁为馅心，包成馄饨形，经清水白煮即成。

5. 串　将多种原料用硬物串连起来，使其造型特殊、与众不同。例如旗斗鸭，即是把鸭起肉，取骨10~12根，把鸭肉切成块状，香菇也切成同样的形状后，用鸭骨串成串，成为造型美观的菜点。

6. 酿　将辅料经加工调味后制成泥茸状，或盖在主料上面，或垫在主料下面，或镶入主料中间，既造型美观，又增加美味。例如潮州菜的酿百花鸡，即是先将虾胶等原料制成馅料，然后盖在鸡肉上面。

7. 扎　指把原料加工为条状或片状之后，用线状物结扎成型。例如柴把鸭掌，是将去骨加热的鸭掌添加火腿条、冬菇条、笋条，外面再以干菜丝扎成束，放入蒸笼，并加调味料而成的名肴。

8. 贴　将主料与辅料贴在一起，使造型得体，增加美味。例香酥芙蓉鸭，把粘上芫荽叶和火腿片的蛋白泡件，贴在炸成金黄色的鸭块上，使其造型美观。

9. 扣　因菜肴入味和造型的需要，焖、炖时把主料放在底层，上桌时再将菜肴翻扣过来。例如玻璃白菜，先在碗里放入过油大白菜，再加上肉、香菇等配料，经焖煮后翻扣过来，原料加薄粉水勾芡淋上即成。成品菜肴如玻璃一般色白透亮，入口油滑软烂。

10. 填　主要是将经过加工调味的细料填入已摘除内脏和脱骨的禽类腹内。例如荷包鸡、荷包鸭和鸽吞燕、鸽吞翅等。

总之，配菜必须根据菜肴的各种造型要求，准确合理配齐各种原料。

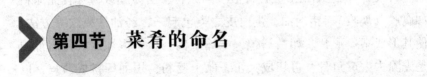

第四节　菜肴的命名

原料切配以后，给菜肴起什么样的名称，不仅关系到菜肴的营销，也体现厨师对整个菜肴操作过程的理解及厨师的素养。尤其是一些创新菜、新潮菜，有一个好听响亮又切合实际的名称的确能为菜肴增添光彩。

菜肴的命名应该名实相符，充分体现菜肴的外观特征、风味特色、地方文化和乡土人情等，既不能信手拈来，又不能牵强附会、滥用辞藻，而应音韵和谐、文字简短、朴素大方，要达到雅致得体、格调高尚、雅俗共赏的效果。

尽管菜的种类繁多，菜肴名称非常复杂，但从比较常见的菜肴名称中，可归纳出以下几种菜肴命名的方法：

1. 按主料和烹调方法定名　如红炖鱼翅、红烧猪脚、生炊膏蟹、油泡肚尖、生炒明蚝等。凡是烹调方法较具特色的菜肴，均可用此法，优点是使人一看一听就知道整个菜肴的内容与烹调方法，直接明了。

2. 按辅料和主料定名　即主配料同时出现在菜名中，如干贝豆腐、生菜龙虾、金瓜芋泥等。这一类型的菜名也较多。

3. 按调味品和主料定名　即在主料前就按调味料的种类或调味法的名称，如蚝油鲍角、豆酱水鸭、糖醋排骨、鱼香茄子等。

4. 按菜肴颜色定名　如白玉干贝、清白玉带（鹅肝制汤）。

5. 按菜肴的形状定名　如清芙蓉鸡（用蛋白做成芙蓉花盖在鸡肉上）、绣球白菜等。

6. 按烹调方法及原料的色、香、味、形的特征定名　如生炒鸡米、炒麦穗鱿、炖五香鸭、焖咖喱鸡、干炸肝花等。

7. 按烹调方法及主料、辅料的名称定名　如焖厚菇朱瓜、炸川椒胘球等。

8. 按烹调方法及地名或人名、主料定名　如北京烤鸭、西湖醋鱼、宋嫂鱼羹、东坡肉等。

9. 用生动形象的比喻或寓意定名　如游鱼映月，以虾胶、鲜鱿做成鱼状，将一个蛋黄放在盘中间象征月亮，盘四周用芫荽造型；又如喜鹊育雏，以虾胶为主料做成大鸟、小鸟，用发菜、蛋白丝及豆粉丝做成鸟巢，摆设造型。

10. 特殊盛器加上用料　这种方法，旨在突出盛器，如铁锅蛋、铁板牛柳、干锅肥肠等。

除了以上几种菜肴的命名外，还有些带有艺术性的名称，如孔雀开屏、推纱望月、浪里白条、阳春白雪等。实际上，菜肴名称并非一经决定就无法变更，只要依据烹调方式及色、香、味、形各条件的特色为依据，就可以创出符合菜肴内容及特色且富于艺术性的名称。

第四章

原料的选择与初步加工

▶ **第一节** 新鲜蔬菜的选择和初步加工

　　蔬菜含有多种维生素、纤维素和无机盐，既能做主料又能做辅料，是人们日常膳食中不可缺少的烹饪原料。用于烹饪的蔬菜原料应新鲜、清洁、无冻、无芽、无烂、无虫卵，并应保持其完整性，没有压伤、碰伤、破损等损伤，更不能含有对人体有害的物质，例如龙葵素、杀虫剂残留等。

一、新鲜蔬菜的检验和初步加工要求

　　1. 新鲜蔬菜的检验　蔬菜的新鲜与否一般可从其形态质地、色泽光度、含水量等方面来判断。

　　第一，新鲜蔬菜的形状饱满、光滑、无伤；而形状干缩、变小、表面粗糙且有伤口疤痕，都是不新鲜的蔬菜。

　　第二，蔬菜都有其固有的颜色，不同成熟度的蔬菜其色泽也是不同的。新鲜蔬菜的颜色鲜艳且有光泽，营养价值高。

　　第三，新鲜蔬菜的汁液充足；外形干、缺少脆性说明新鲜度降低。

　　2. 新鲜蔬菜初步加工的要求

　　(1) 根据菜点的要求整理加工　不同品种的菜点，对原料的要求也不相同。例如，叶菜类蔬菜必须去掉老根、老叶、黄叶等；根茎类蔬菜要削去或剥去表皮；果菜类蔬菜必须刮、削外皮，挖掉果心等。因此，应采用不同的加工方法，去掉不能食用的部位。

（2）正确洗涤，保证质量　蔬菜类原料的洗涤整理是一项很重要的加工程序，一定要采取正确的方法，以洗去蔬菜上的泥沙、草根、虫卵等污物。例如，有的原料要掰开来洗，防止污物夹在菜叶中；有的在清洗后要在清水里再浸泡一段时间，以去掉残留在蔬菜上的农药等。同时，应采取先洗后切的洗涤顺序，以减小原料营养素的流失。

（3）合理放置，方便使用　洗涤干净后的蔬菜原料应放在清洁、能沥水的容器内，摆放整齐，防止细菌、病毒或其他有害物的再次污染，使后续的切配加工工作顺利进行。

二、各种新鲜蔬菜初加工工艺

1. 叶菜类原料的初加工　叶菜类是指食用部位为鲜嫩的菜叶与菜柄的蔬菜，常见的有青菜、菠菜、油菜、韭菜、生菜、卷心菜、大白菜、小白菜等。其加工方法分以下两个步骤：

（1）择剔、整理　将蔬菜原料中不能食用的部分择除、剔掉。例如黄叶、老叶、枯叶、老帮、老根、泥沙、杂草、污物等，并进行初步整理。

（2）用清水将择剔、整理好的蔬菜洗涤干净　根据蔬菜品种的不同和季节、用途的不同，一般有下面几种洗涤方法：

冷水洗涤：此方法适用于较新鲜整齐的叶菜类蔬菜。洗涤时，先将择剔、整理后的蔬菜在清水中浸泡、清洗，以除去泥沙等污物，再反复冲洗干净，然后放在清洁的盛器内，将水分沥干。

盐水洗涤：此方法主要用于容易富有虫卵的叶菜类原料，尤其是秋冬季节蔬菜。洗涤时，先将择剔、整理后的蔬菜先放入浓度为2%左右的食盐溶液中浸泡 5~10 分钟，然后用清水冲洗干净。为保证烹调的质量，原料在盐水中浸泡的时间不宜过长。

高锰酸钾溶液洗涤：此方法主要适用于生食凉拌的蔬菜，例如生菜、青瓜等。各种烹饪原料在初加工之前，或多或少地会带有一些细菌、病毒。生食凉拌的原料因不再加热，更要注意卫生，以确保食用者的健康。洗涤时，先将择剔、整理后的原料放入浓度约0.03%的高锰酸钾溶液中浸泡5分钟左右，然后用清水洗涤干净，这样可以起到杀死细菌的作用，同时又不改变果菜的色泽和味道。

2. 根菜类原料的初加工 根菜类原料是指山药、萝卜、胡萝卜等以肥大变态的根部为食用部位的蔬菜。加工时，先根据烹调要求将原料的外皮削去、整理，再用清水将整理后的原料洗涤干净，然后进行焯水或不焯水处理。由于一般根茎类原料大多含有一定量的鞣酸，去皮后容易氧化变色，因此原料去皮后应立即洗涤，并尽快烹制菜肴。若一时不用，可用清水浸泡，以防止变色。

3. 茎菜类原料的初加工 茎菜类原料是指土豆、芋头、冬笋、莴笋等以肥大变态的茎部作为食用部位的蔬菜。加工时，先将原料外表的壳、皮去掉，然后切掉老茎，剔除不能食用的部分，再进行适当的整理，用清水洗涤干净。

根据烹调要求，如果需对原料进行焯水处理，应冷水下锅，慢火煮熟，然后用冷水浸漂备用。

4. 花菜类原料的初加工 花菜类原料指黄花菜、菜花、白菊菜、韭菜花等以植物的花部器官为食用部分的蔬菜。加工时，先进行初步整理，即去蒂、花心和茎叶，或将花瓣取下，然后用清水漂洗干净。洗涤时，注意保持原料的完整。

5. 果菜类原料的初加工 黄瓜、丝瓜、冬瓜、南瓜等蔬菜以植物瓠果为食用部位，称为果蔬类原料。其中，冬瓜、南瓜等瓜类原料的皮、籽硬而老，应先去掉外皮，然后剖开，去掉中间的籽、瓤，再将去皮、去籽的瓜类原料整理好，用清水洗涤干净。黄瓜等不需去皮、去籽的原料可直接用清水洗涤。

6. 食用菌类 食用菌类指以无毒菌类的子实体为食用部位的蔬菜，加工做法是先切去根部、去掉杂物，然后洗净备用。例如平菇、蘑菇、草菇、金针菇和猴头菇等。

 **第二节** **水产品的选择和初步加工**

　　水产品在烹饪中使用广泛，一般指淡水鱼类、咸水鱼类和虾蟹类等食材。大部分品种离水后很容易死亡，表面附带的微生物便很快繁殖、生长，侵入肌体，使之腐败变质。腐败变质后的水产品，不仅感官形状严重受损，食用价值降低，而且其营养成分受到很大破坏，并产生影响人体健康的有害物质。因此，对水产品品质检验与初步加工必须十分重视。

一、水产品的品质鉴别和活养保鲜

　　1. 水产品的品质鉴别　　水产品的品质鉴别主要是根据各品种的外观特征变化来鉴别其新鲜度，一般以感官检验方法判定其品质的好坏。

　　（1）鱼的品质鉴别　　鱼类的新鲜度主要根据鱼鳞、鱼鳃、鱼眼、鱼脐、鱼肉松紧程度、鱼皮中所分泌的黏液量以及气味、色泽进行判断，见表4-1。

表 4-1　鱼的品质鉴别

鉴别角度	新　鲜	不新鲜	腐　败
鱼鳃	色泽鲜红，鳃紧闭，黏液少、没有臭味	呈灰色	有黏液、污物
鱼眼	透明，向外稍稍突出	有点塌陷，色泽灰暗	眼球破裂
鱼皮	黏液少，鱼鳞紧密完整而有光泽，具有弹性，肚不膨胀	黏液增多，透明度下降，鱼背软、苍白、失去弹性，鱼鳞松弛、有脱片，肛门突出，肠内充满因细菌活动而产生的气体，使腹膨胀，有腐臭味	
鱼肉	组织紧密而有弹性，很结实	肉质松软，肋骨极易脱离，肌肉有异味，有局部腐败现象	

（2）虾的品质鉴别　虾的品质主要从外形、色泽、肉质等方面鉴别，见表 4-2。

表 4-2　虾的品质鉴别

鉴别角度	新　鲜	不新鲜
外形	虾头尾完整，爪须齐全，有弯曲度，壳硬，虾身挺	头尾容易脱落，不能保持其原有的弯曲度
色泽	虾皮壳发亮，呈青绿色或青白色，即保持原色	皮壳发暗，组织不紧密，色变为红色
肉质	肉质坚实、细嫩	松软

（3）蟹的品质鉴别　蟹类品质鉴别的依据主要有外形、色泽、体重、肉质等。

新鲜蟹：蟹壳呈青色，蟹腿肉坚实、肥壮、有硬感，脐部饱满，分量较重，将其翻扣在地可迅速翻转过来。"团脐"有蟹黄，肉质鲜嫩。"长脐"有蟹油，肉质鲜美。鲜蟹适合清蒸。

不新鲜蟹：贝壳呈暗红色，蟹腿肉空松，行动不活泼，分量较轻，肉质松软，味不鲜美。蟹以鲜活为好，若已死则不宜选用。速冻蟹适合炸、炒。

2. *水产品的活养保鲜* 市场出售的烹饪水产品品种繁多，有的是刚捕获的鲜活产品，有的是长时间的冷冻产品。

（1）*清水活养* 清水活养的鱼类能保持鲜活度，又能使鱼类吐去胃肠中污物，可以减轻肉中土腥味，主要适用于用鳃呼吸的活鱼类，例如鲤鱼、鲫鱼、鳗鱼、黑鱼、青鱼、长鱼等。清水活养的水温通常为 $4\sim6℃$，需适时换水，防止异物杂质入水，以减少死亡。

（2）*无水活养* 螃蟹等用呼吸道呼吸的水产品可采用无水活养的方法。无水活养螃蟹必须排紧固定，控制其爬动，防止互相伤害。同时注意通风，防止闷死。

（3）*鱼类的冷藏与营养保护* 对已经死亡的各种鱼类，可以进行冷藏。如果是短时间冷藏，温度一般控制在 $-4℃$ 以下。如果需要冷藏较长时间，温度控制在 $-20\sim-15℃$ 为宜。为防止微生物繁殖影响鱼体风味，鱼类冷藏前应去净内脏，再放入冰箱或冰库。烹饪时要采取自然解冻的方法。

（4）*虾类的冷藏* 虾个体细小，必须排放整齐，置于盛器中防止风干，可放适量水一起冰冻。

冷藏后的鱼、虾解冻后不宜再行冷冻，否则，肉质会被破坏，丧失内部水分，降低鲜度和营养价值。

二、水产品初加工的原则和要求

根据品种和用途的不同，水产品在正式烹饪前一般都要经过宰杀、刮鳞、去鳃、取内脏、煺沙、剥皮、洗涤等初步加工处理。应符合如下几个方面的要求：

1. **符合卫生要求** 水产品往往带有较多的污秽、黏液、血水、寄生虫等，如果在初加工时不清除这些杂质，会直接影响切配、烹调以及菜式品种的口味与特色，因此应根据原料的本身性质，采用相应的初步加工方法，除去不宜食用的部分，如鳞、鳃、内脏以及沙粒、硬壳、黏液等，使其符合卫生要求，达到便于烹调、保证菜肴质量的目的。

2. **根据用途和品种加工** 水产类的品种不同，其加工方法也不完全一样。例如，对有鳞的鱼类，如鲤鱼、鲫鱼等的初加工，应分别进行放血、去鳞、去鳃、去内脏、洗涤等工序；对一些无鳞的鱼类以及鲜活的鲥鱼、白鳞鱼，初加工时可少一个去鳞的工序；而对于鲜活的小鲨鱼，应该有煺沙的工序。根据用途的不同，同一种品种的水产品的初加工方法也有所不同，例如鲤鱼，如果用以烹调一般的菜肴，可采用腹开取内脏的方法；如果是制作造型菜，用鱼制成盛器，就要用背开取内脏的方法，例如"草船借箭"。另外，在初加工时还应注意鱼类有些内脏是可以用于制作其他菜肴的，应该保留下来，以免造成浪费。

3. **不碰破苦胆** 一般的淡水鱼类（包括部分咸水鱼类）均有苦胆，如在初加工时把苦胆弄破，苦胆汁就会渗入鱼肉，影响原料的味道和颜色；有的胆汁还含有毒素，影响人体健康。因此剖腹挖内脏时要注意不可把鱼胆弄破，以免影响菜肴的质量。

三、各种动物水产品初加工工艺

水产品的种类很多，性能各不相同，初步加工方法大体上有宰杀、剪须脚、开壳、刮鳞、去鳃、剥皮、煺沙、泡烫、剖腹取内脏、洗涤等几个步骤。

1. 刮鳞　刮鳞适用于加工骨片鳞的鱼类，例如草鱼、黄鱼、鲤鱼、鲫鱼等。刮鳞时不能顺刮，需逆刮。具体方法是把鱼头朝左、尾朝右地平放在案板上，左手按住鱼头，右手持刀，从尾部向头部戗刮过去，将鱼鳞刮净。刀与鱼的夹角应根据鱼鳞的特点及鱼的新鲜度来确定，通常为45°左右。有些鱼带有尖锐的背鳍或尾鳍，应先去掉再刮；有些鱼鳞含有丰富的脂肪，如鲥鱼和新鲜的鲴鱼等，不宜刮去，应予保留。

2. 去鳃、除内脏　鱼鳃味苦不能食用，应该除去。一般可用手挖去，但有的鱼鳃需要用剪刀剪去，或用筷子夹住绞出。例如，体积较大的鱼需用剪刀剪去；黄花鱼、大王鱼需用筷子夹住绞出；鲤鱼需用刀挖出。

取鱼内脏一般有三种方法：一种是将鱼的腹部剖开，取出内脏，再洗净血污和黑衣，分为侧开和中开两种方法；另一种是为了保持鱼身完整，不剖腹，而从鱼的口腔中将内脏取出，操作方法是先在鱼的脐部横割一刀，将肠子割断，然后从口腔内插入两根筷子，将内脏夹住，用力向一个方向绞卷后拉出，然后用清水冲净；还有一种方法是从背部开刀，取出内脏。具体采用何种方法，应根据鱼的大小和菜肴的用途而定。

3. 煺沙　煺沙主要用于鱼皮表面带有沙粒的鱼类的初步加工，例如鲨鱼。方法是将鱼放入热水中烫泡，待沙粒凸起能煺掉时捞出，用小刀、软布或手煺沙。沙粒煺净后要洗涤干净，再进行其他初步加工。煺沙的水温及时间应根据原料的老嫩来确定。

4. 剥皮　对于比目鱼、绿鳍马面鲀等鱼皮粗糙、颜色不美观的鱼类，首先应剥去外皮，再刮去比目鱼细小的白鳞，去头，除去内脏。

5. 烫泡　烫泡多用于鳝鱼、河鳗、海鳗等鱼体表面有黏液而腥味较重的鱼类，烫泡时加热时间不宜长，以免烫破表皮。另外，甲鱼也多进行烫泡退皮。

6. 宰杀　对于有甲骨壳的鱼，如甲鱼等，先切去头部，放血后浸放在70℃左右的热水中，刮去白衣，剖开腹壳，除去黄油和肠。

7. 挤捏　挤捏是虾类的去壳方法。操作时，一手抓住虾头，一手抓住虾尾，把虾身向背部一扭，虾身便立即从虾壳脱落。脱落出来的虾仁，不带虾须，但此法不适用于大虾。大虾应采取剥壳的方法，虽然速度较慢，但可使虾仁保持完整的形状。

四、水产品初步加工实例

1. 鲫鱼的初步加工

加工步骤：刮鳞→去鳃→剖腹取出内脏→洗涤

操作过程：左手按住鱼的头部，右手握刀从尾部向头部刮去鱼鳞，挖出鳃。然后用刀从肛门至胸鳍将腹部剖开，挖出内脏，并用清水将鱼体内外洗净。

2. 比目鱼的初步加工　比目鱼的外皮粗糙，颜色灰暗，不能食用，应去除。

操作过程：去皮→去鳃→去内脏→洗涤

操作过程：先在近鱼头处划一刀口，在手指上沾一点盐，放在头部刀口处用力擦，鱼皮上翻时，即用手剥去外皮。用同样的方法剥去另一面鱼皮，再挖出鱼鳃，剖开鱼腹，去除内脏，洗净即可。

3. 河鳗的初步加工

加工步骤：宰杀→取出内脏→烫泡→洗涤

操作过程：用左手中指关节用力勾住河鳗，然后右手用刀在鱼的喉部和肛门处各割一刀，放尽血。然后将方形竹筷从喉部刀口处插入腹腔，卷出内脏，再挖去鱼鳃，放入沸水中浸泡。待其身体表面黏液凝固，即用干揩布或小刀将鱼的银鳞除净，最后用清水反复冲洗干净。

4. 对虾的初步加工

加工步骤：去须脚→去沙袋、虾肠→洗涤

操作过程：用剪刀将虾须和虾脚剪去，再在虾头壳处横剪一刀，挑出沙袋，然后在虾背中抽去背筋，剔去泥肠，放在水中漂洗净即可。注意不可冲洗，以免造成虾脑流出或虾头脱落。

5. 蛤蜊的初步加工

加工步骤：刷洗→水养→洗涤

操作过程：将蛤蜊放入清水盆内，用细毛刷洗净泥土，冲洗干净后静置在淡盐水中（每 4 千克清水放入 5 克盐），使其吐出泥沙，最后用水冲洗干净即可。为防止蛤蜊因缺氧而死亡，水养的水不宜过多，一般与原料的比例为 1∶1。

第三节　禽类的选择和初步加工

烹饪用的禽类原料分为家禽、野禽两大类，其初步加工方法和要求基本相同。

一、家禽和蛋品的选择鉴别

1. 家禽的选择鉴别　家禽有很多品种，其肉的质量存在较大的差别。烹调时，应根据其品质的不同而运用不同的烹调方法，具体可据其外部形态及组织状况进行选择和鉴别。下面以鸡为例进行介绍。

不同生长期品质的选择和鉴别：

（1）尚未到成年期的仔鸡　这类鸡胸骨软，肉嫩，脂肪少，适宜炒、爆、炸。表现特征为羽毛未丰，体重一般为 0.5~0.7 千克。

（2）已到成年期，但生长时间不满一年的当年鸡，也称新鸡　这类鸡肥度适当，肉质嫩，适宜炒、爆、炸、煮等。表现特征为羽毛紧密，后爪趾平，鸡冠、耳垂为红色。

（3）生长期在一年以上的隔年鸡　这类鸡肉质渐老，体内脂肪增加，适合烧、焖、炖等。表现特征为羽毛丰满，后爪趾尖，鸡冠和耳垂发白。

（4）生长期在两年以上的老鸡　这类鸡肉质老，适宜制汤或炖焖。表现特征为羽毛一般较疏，皮发红，胸骨硬，爪皮粗糙，鳞片状明显，趾长成钩形。

另外，健康鸡应两眼有神，羽毛丰润，脚步矫健，腿短而细，脯圆厚，宰杀后皮肉白净；病鸡则相反。

2. 蛋品的品质鉴别

（1）新鲜蛋　蛋壳比较毛糙，没有裂纹，壳上附有一层粉状微粒，色泽新明清洁，摇晃无声音。

（2）变质蛋　变质蛋主要有以下几种，应谨慎食用。

散黄蛋：蛋黄膜受到破坏，蛋黄、蛋白混在一起，通常可以食用。

陈蛋：因保存时间较长而颜色有些发暗，摇动有声音，透视时可以看出气室稍大。这种蛋尚未变质，可以食用。

裂纹蛋：大多由储存、保管、包装、运输过程中的震动或挤压造成。裂纹时间较短的，可以食用。

贴皮蛋：蛋白因时间过长而稀释，使蛋黄紧贴蛋壳，一般可以食用。若蛋黄紧贴壳不动，贴皮处呈深黑色，可闻到异味，说明已经腐败，不能食用。

热伤蛋：没有受精的鲜蛋。受热后，胚胎膨胀的叫热伤蛋。这种蛋由于胚胎扩大气室较大，使蛋内的蛋白变稀，胚胎周围逐渐产生明显的小黑点或黑丝、黑斑。若蛋黄不散或未产生黑点，一般可以食用。

霉蛋、臭蛋：鲜蛋受潮，蛋壳表层的保护膜受到破坏，细菌侵入蛋内，引起发霉变质腐败，蛋的周围形成黑的斑点，并有明显异味，不能食用。

二、禽类初加工的原则和要求

1. 宰杀时必须割断气管、血管，放净血　割断气管可以使家禽尽快死亡，使后续的初加工工作顺利进行；割断血管可以使血液放净，否则血流不尽，会使皮肉发红，影响肉的色泽和味道。

2. 煺净禽毛，注意清洁卫生　煺毛应根据禽类的大小、老嫩以及种类的不同，来决定烫毛的水温和时间。有些家禽有许多绒毛、细毛不容易煺干净，要用镊子认真、细致地去净绒毛，或用火燎去。

宰杀的禽类必须洗涤干净，尤其是腹腔，要反复冲洗以去净血污。

3. **充分利用原料，做到物尽其用** 禽类尤其是家禽的各部分都有不同的用途，其肝、心、肠和血液等都可以用来制作菜肴，头、爪可吊汤或卤制、酱等，肫皮可供药用，禽毛可加工成羽绒制品。在初加工时，应根据各部分的不同用途加以整理，不可随意丢弃，做到物尽其用。

三、各种禽类初加工工艺

家禽的初步加工，大致可分为宰杀、泡烫和煺毛、开膛取内脏、洗涤等几个步骤。

1. **宰杀** 鸡、鸭、鹅都采用割断血管、气管的方法宰杀。以鸡为例，宰杀前，准备一只碗，里面放少许食盐和适量清水（热天用冷水，冷天用温水），以备放血。左手握住鸡翅膀，并用小拇指勾住鸡的右腿，右手捏住鸡头向后翻转，左手拇指和食指捏住颈骨后面的皮，右手持刀在第一颈骨处下刀，割断气管、血管。宰杀后，右手握住鸡头向下，左手上抬，使血流入事先准备好的碗里，以免肉质变红，影响肉的质量和口味。血放尽以后，用筷子搅一下，待血凝结即可，另外，对于个大体重的鸭、鹅，可以先用绳吊起来，然后宰杀。

2. **泡烫和煺毛** 家禽宰杀后煺毛的时机要适宜，不能太早也不宜太晚，应在家禽完全死亡而体温尚未完全冷却时进行，原则是既煺尽羽毛又不破坏禽皮。

烫毛用水量以淹没家禽为宜，水温和时间与家禽的老嫩程度以及季节等因素有关。一般情况下，家禽质老的，水温应高些，时间可长些；质嫩的，水温应低些，时间应短些。冬季水温应高些，时间应长些；夏季水温应低些，时间应短些；春秋季节应适中。另外，根据品种的不同，鸭、鹅等水禽类烫泡时间可长些，鸡、鸽子、鹌鹑等则应烫泡时间短些。

3. 开膛取内脏　在宰杀禽类时要正确掌握颈部血管、气管的要害部位，下刀要准确，宰杀时刀口要小，避免因刀口过大或因用力过猛而切断头部，影响禽类宰杀的质量。常用的方法有腹开、肋开和背开三种，具体可根据烹调及菜肴的要求而定。但无论用哪种方法，都要把内脏去净，不能弄破胆、肝及其他内脏，否则会影响成品的质量。

（1）腹开　在操作时，先在家禽颈与脊椎之间开一刀，取出嗉囊和食管，然后将腹朝上，再在肛门与肚皮之间开一条约两寸长的刀口，伸手入腹，用手撕开内脏与禽身粘连的膜，轻轻拉出内脏，并除去胸部禽肺，洗净腹内血污，最后用手把禽头向上拿起，以去清腹内积水。这种方法，适用于一般烹调方法。

（2）腋开　先按腹开的方法取出禽肺、食管和喉管，然后用刀在翅膀下开约一寸半的刀口，再将食指和中指伸入腹内，轻轻撕开内脏与禽身粘连的膜，取出内脏，用清水洗净腹中血污，最后用手把头部向上拿起，以去清腹内积水。这种方法适用于烧、烤的烹调方法，可以避免烤制时漏油，从而使制品品味更肥美。

（3）脊开　脊开是在脊背骨处切开，取出内脏，用清水将腹中血污洗净，最后用手把头部向上拿起，以去清腹内积水。这种方法适用于炖、扒、蒸等烹调方法。

4. 内脏洗涤　除嗉囊、气管、食管、胆囊不能食用外，家禽的大部分内脏均可食用。

油脂：洗净、切碎后放入碗内，然后加葱、姜上笼，蒸至油脂溶化后取出，去掉葱、姜即可作为明油用。

血：将已凝结的血放入开水中浸熟或用水蒸熟。注意加热时间不可过长，火力不可过大，以免血块起孔，影响食用效果。

肝：用剪刀将附着在肝脏上的胆囊剪去，注意不可碰破胆囊，然后用清水洗净肝脏。

肫：将前段食管及肠割去，剖开，除去污物，再剥掉内壁黄皮（内筋），撕去外表筋膜，最后用清水冲洗干净。

肠：把肠理直，洗净附着在肠上的两条白色的胰脏，再剖开肠子洗掉污物，通过盐、醋搓擦的方式去掉黏液和异味，洗涤干净后再用开水略烫即可。

心、腰及成熟的卵蛋：摘去洗净后可制作菜肴。

第四节　畜类的选择和初步加工

由于品种不同和生长饲养环境的差异，烹饪动物的肉有着特定的质量标准。在肉品生产加工、运输、存放、销售的过程中，任何不正确的处理方式都可能引起质量的变化，而改变其原有的质量标准。这种变化主要来自两个方面：一是内部原因，肉品因内部的蛋白质发生分解变质而产生酸臭性；二是外部原因，微生物在温度高、湿度大及条件恶劣的情况下，侵入肉中并快速繁殖，从而引起肉的各种变化，最终导致肉品腐败变质。

一、畜类原料的品质鉴别

1. 家畜肉的品质鉴别　鉴别内容：新鲜肉、不新鲜肉和腐败肉三种。常用感官检验的方法来鉴定，见表4-3。

表4-3　家禽肉的品质鉴别

鉴别角度	新鲜肉	不新鲜肉	腐败肉
外观	色泽光润，呈淡红色，稍湿润不黏，液体透明	肉色暗，有黏液	表面带淡绿色，很黏。有发霉现象，切断面呈暗灰色或绿色
硬度	肉质紧密富有弹性，用手按能迅速恢复原状	肉柔软，弹性小	松软而无弹性，用手按后不能复原
气味	有家畜肉的特有气味	具有酸气或臭气	
脂肪	脂肪分布均匀，没有酸败气味和苦味，色泽好	呈灰色，无光，黏手，有轻微的油脂酸败味	有黏液和真菌，油脂酸败味强，脂肪很软

2. 家畜内脏的品质鉴别　具体鉴别方法见表4-4。

表4-4　家禽内脏的品质鉴别

鉴别角度	新　鲜	不新鲜
心	组织坚韧，富有弹性，有光泽，有血腥味	无这些现象
肝	呈褐色，有光泽	颜色暗淡或发黑，无光泽，表面萎缩，有腐败气味
腰子	呈浅红色，有光泽、柔润，有弹性	带有黏液，色发黑绿
肠	色泽发白，黏液多	色泽有青有白，黏液少，腐臭味重
肚子	有光泽、弹性，液多质紧	白青色，无弹性，无光泽，黏液少，肉软

3. 畜肉制品的品质鉴别

（1）肉松　佳品肉松的质地蓬松柔软，色泽鲜艳，香味纯正浓厚，无肉筋和碎骨，食后无渣滓；反之则为次品。

（2）香肠　新鲜香肠的肥、瘦肉比例恰当，肠衣和肉紧密相连，有弹性，色均，脂肪色白，瘦肉色红，具有芳香味；变质香肠的表面发黏，呈灰绿色，肠衣的韧性减弱、与肉分离，无弹性，有腐败和油脂酸败味。

（3）火腿　新鲜火腿的外表应呈红棕色，用指压肉感到坚硬，表面干燥，清香无异味。如果表面有一层黏物，并有酸味或哈喇味，表明火腿已腐败变质，不能食用。

二、畜类初加工的原则和要求

1. 洗涤干净，除去异味　有的畜类原料会有一定的异味，尤其是内脏里的杂物较多，污秽而油腻，特别是肠和肚，腥臊异味较重，在清洗时必须去除。

2. 及时处理，保证质量　畜类内脏含有许多污物，极易污染。如果长时间放置，其异味很难去除，且容易使原料颜色发黑。因此，应在保证质量的前提下及时加工处理，防止污染变质，并尽快用于烹调。

3. 保持原料质地，保存营养　每一种原料都有自己固有的质地和营养成分，在原料加工时，应尽量避免因过度加工或不当加工而造成的营养素流失，以达到"除净杂质和异味，改进原料风味"这一根本加工目的。

三、各种畜类初加工工艺

畜类动物是饮食行业烹制肉类原料的主要原料，其宰杀至内脏的初步整理，大多在专门的屠宰加工厂进行，烹饪加工只对畜类的肉及副产品进行修整和卫生性洗涤，其中以畜类内脏及四肢最不易处理。

畜类内脏及四肢主要包括心、肝、肺、腰、肠、头、尾、爪、舌等。常用的加工方法有里外翻洗法、盐醋搓洗法、热水烫洗法、刮剥洗涤法、灌水冲洗法及清水漂洗法等。

1. 里外翻洗法　猪、牛、羊的肠子和肚等内脏，里面黏液多、异味重，外面带有油脂和污物，如果不里外翻转清洗，不易洗净。一面洗净后，再将另一面翻过来洗涤，直至里外的黏膜及油膜被全部洗净和摘除。

2. 盐醋搓洗法　肠、肚等原料的油腻较重、黏液较多，翻洗后还应加入少量盐和醋反复揉搓，去除黏液和腥臭味后，再用清水冲洗干净。

3. 热水烫洗法　此法主要用于加工肚、舌、肠等腥气味较重或有白膜的原料。具体方法是：原料初步洗涤干净后，放入沸水锅中烫一下，有白膜转白时捞出，然后刮去白膜，洗去黏液，再清水洗涤干净。

4. 刮剥洗涤法　此法适用于加工蹄、爪、舌等外表带有污垢、硬毛和硬壳的原料。例如，猪舌表面有一层硬的舌苔，不仅污物多，而且异味重，若不除干净，将严重影响菜肴质量及食用者的健康。具体方法是：先刮除污垢，有爪壳的要去爪壳，有白膜的要刮净白膜，有余毛的地方要用镊子拔掉或用刮刀刮净，再用清水或热水洗净。

5. 灌水冲洗法　此法主要用于洗涤肺和肠等原料。肺泡中常存有不易清除的血污。洗涤方法有两种：一种是将气管套在水龙头上，把水灌满后，用双手挤压，使污水流出，反复几遍，直至将血污冲净，肺叶呈白色为止；另一种是用剪刀剪开肺的大小气管，用清水反复冲洗。

6. 清水漂洗法　家畜类的脑、筋、脊髓等原料的质地极嫩，容易破损，只能放在清水中轻轻漂洗，并用牙签或小刀剔除血衣和血筋，然后洗净备用。

由于这些原料黏液较多，异味重，并且各肌体组织结构相差很大，洗涤加工工艺既复杂又各不相同，同一种原料往往采用多种方法才能完成。

四、家畜内脏及四肢的初步加工实例

1. 猪舌的洗涤

加工步骤：清水冲洗→热水烫洗→洗涤整理

操作过程：先用水将猪舌洗净，在舌的中间从舌根到舌尖插入一根筷子，以防加热时弯曲，影响加工。再将猪舌放冷水锅稍煮，待舌表面凝固时捞出，用小刀刮去舌苔，用清水洗涤干净。

2. 猪腰的初步加工

加工步骤：撕去筋膜→对半片开→片去腰臊

操作过程：先将猪腰表面覆盖的一层筋膜撕去，然后从比较光滑的一侧侧面把腰子片开。再让刀口朝上，把腰臊片干净，以免影响菜肴质量。为提高出品率、避免浪费，腰臊不要片得过厚。

3. 猪肚的洗涤

加工步骤：盐醋搓洗→里外翻洗→热水烫洗→冲洗干净

操作过程：用手撕去或用刀割去猪肚表面油脂，将猪肚放入盆内，加入食盐和醋，用双手反复搓洗，使猪肚上的黏液脱离，用水洗净。将猪肚翻转过来，再加上食盐和醋搓揉，洗去黏液。然后放入冷水锅中，加热至沸腾，捞出后将猪肚内壁白膜刮净，里外洗涤干净即可。

4. 猪肠的洗涤

加工步骤：灌水冲洗→盐醋搓洗→里外翻洗→冷水冲洗

操作过程：把手伸入肠内，将口大的一头翻转过来，用手指撑开，灌注清水，使肠子翻转过来，然后将猪肠上的油脂、污物用剪刀剪去或用手摘去。再将猪肠放入盆内，加入盐和醋，反复搓洗，用清水冲洗干净，再把肠子翻转过来。

5. 猪爪的洗涤

加工步骤：刮剥洗涤→清水冲洗

操作过程：将猪爪放在火上烤，燎去爪上的硬毛和细毛，再刮净污物，剥去爪壳洗净即可。或者用小刀刮净硬毛、细毛及脚趾间的污物，剥去爪壳，冲洗干净。

第五节　干货原料涨发

干货原料是指将鲜活的动植物原料脱水加工制成的烹饪原料。与鲜活原料相比，干货原料体积小，重量轻，更容易保存管理，不仅可以供应非产地，而且可以跨季节使用。

干货原料的涨发加工就是利用烹饪原料的物理性质，进行复水和膨化加工，使其最大限度地恢复原有的鲜嫩、柔软、爽脆的状态，同时去除原料的异味和杂质，从而制作出各种美味的菜肴。在烹饪过程中，干货涨发是一项技术性很强的重要工作。

一、干货原料涨发的意义

1. 作菜肴主料使用，具有特殊风味　干货原料中不乏名贵原料，在烹调中常常作为主料使用，在宴席的大菜或主要菜肴中具有独特的风味特点，形成了许多脍炙人口的山珍海味，例如蒜子鱼皮、鸭包鱼翅、红烧大群翅等。

2. 作菜肴配料使用，具有特殊风格　涨发后的干货原料，具有松软、脆嫩、味美等特点，在与其他原料组成配合时可形成特殊风格，例如香菇炖鸡、猴头蘑扒菜心、干贝珍珠笋等。

3. 作菜肴馅料使用，具有特殊味道　干贝、鱼肚、海参、海米等干货原料涨发后，可作为菜肴的馅料使用，具有独特风味，例如菠饺鱼肚等。

二、干货原料涨发的要求

干货原料的涨发操作是一个比较复杂的过程。在此过程中，需做到以下几点，才能使干货原料达到预期的涨发效果。

1. 准确鉴别干货原料的品质　由于受干制方法和保藏等因素的影响，干货原料的品质有老、嫩、优、劣之别。涨发时，只有准确鉴别干货原料的品质，才能取得最佳的涨发效果。例如，淡水鱼翅质地坚硬；咸水鱼翅质地稍软，由于回潮而带卤性；油根翅易回潮，翅根刀割处的肉腐烂，呈紫红色、腥臭，需浸泡至软，去腐肉再行涨发；熏板翅涨发时外面的沙粒很难除尽，需细心除沙。

2. 注意原料的产地和性质　不同地区的同种原料具有不同的性质，其涨发要求也不一样。只有充分了解干货原料的产地、种类和性质，才能采用正确的涨发方法。例如，吕宋黄、金山黄等鱼翅，翅板较大、沙大、质老，涨发时需多次煮、焖、浸、漂，才能煺沙、除腥、回软；而对皮薄质软的一般鱼翅，浸、泡、煮、焖的次数应少些。

3. 按照程序，认真操作　不同的干货原料涨发方法，其涨发程序和技术要领也不相同，每个操作环节紧密相连，稍有不慎则前功尽弃，因此必须按照各种涨发方法的程序，认真操作。例如，油发蹄筋应掌握好油温，用碱水去油时要掌握好水温和碱度。

三、干货原料涨发的常用方法和原理

涨发各种干货原料时，无论采取何种方法来加工处理，都以使其重新吸入水分，充分膨胀，最大限度恢复原有的形态并尽可能除去腥臊气味与所含杂质为目的。

1. 水发　水发是把干货原料放在水中，利用水的浸润能力使原料吸收水分的方法，是干货原料常用的涨发方法之一，也是所有涨发方法的基础。它是利用水的渗透作用，使干货原料重新吸收水分，尽量恢复原有状态，并使质地柔软。除含有黏性油脂、富含胶质及表面有皮鳞的原料外，一般干货原料都可采用水发。即使经过油发、碱发、水发、晶体发处理的干货原料，最后也要采用水发的方法。因此水发是干货涨发中最普遍、最基本的方法。根据水温高低的不同，水发又可分为冷水发和热水发两种。

（1）冷水发　就是把干货原料放在室温条件下的冷水中，静置不动，使其自然吸收水分，尽量恢复到软、松状态。此法能保持原料的鲜味和香味，具体分为浸发和漂发两种。

①浸发。是将干料放在冷水中自然浸泡，使其慢慢吸收水分，涨大回软恢复原来的形态，并浸出原料的异味。浸发一般适用于质地比较松软、易于吸水膨润的干货原料，如菌菇类、干菜类等植物干货原料。涨发的时间应根据原料的大小、老嫩和软硬程度而定，一般浸泡 2~3 小时后即可发透。此法还常用于配合和辅助其他发料方法涨发原料。

②漂发。就是把干货原料放在流动而不循环的清水中，将附着在原料上的泥沙、杂质、异味等漂洗干净。例如，海参、鱼翅本身有较重的灰臭味，经煲、煮后还需漂水处理才能较彻底地除去。

（2）热水发　就是将干货原料放在热水或蒸汽中，利用热力的加速渗透、热胀等作用使干货原料中的蛋白质、纤维素吸水回软，从而成为体积膨胀并软嫩的半成品。绝大部分动物性干货原料、山珍海味及部分植物原料，都要经过热水涨发。由于品种不同，应根据原料性质采用不同的水温或加热形式，热水发又分为泡发、煮发、焖发、蒸发四种。

①泡发。即干货原料放在热水或沸水中吸水回软的方法。热水

泡发可加快干货原料的吸水回软，还可抑制酶对干货原料的破坏，在天气较冷的时候运用较多。此法适用于体小、质嫩的干货原料，如银鱼、粉丝、燕窝、腐竹、海带等。适用于冷水浸发的干货原料，也可用热水泡发。

②煮发。就是把干货原料放入水中，在火上加热，使水温持续保持在煮沸的状态下，促使原料加速吸水的方法。此法主要适用于体大厚重和质地特别坚韧的干制原料，例如牛蹄筋、熊掌、鱼翅、海参等。煮发时间为 10~20 分钟。有的时候还需要适当保持一段微沸状态，有的还需反复煮发。

③焖发。焖发是和煮发相关联的并且相辅相成的一种方法，是煮发的后续过程。即将干制原料加热煮沸后，置于保温的容器中或换小火保持一定的温度，用热水持久地加热直至发透的方法。焖的过程中，要掌握好火候和原料的回软程度，既不能用急火，也不能煮的时间过长，防止原料外层皮开肉烂而内部组织仍未发透。所以水的温度要因物而异，一般为 60~85℃，并且在煮到一定程度时需改用微火，或将锅端离火口，盖紧盖子使温度逐渐下降，促使干料内外均匀地吸水膨胀，以达到涨发程度一致。

④蒸发。即将干货原料洗净或稍浸后放入器皿内，加入汤水和调味料，利用蒸汽使原料吸水回软膨胀的方法。蒸发主要适用于一些体小易碎或具有鲜味的干制原料，蒸发可最大限度地保持原料的形状和鲜味，还可减少原料中营养成分的流失。例如干贝、鱼唇、鱼骨、金钩、哈士蟆等鲜味强烈，经沸水一煮往往鲜味受损，采用蒸发则可保持原来形态和风味特色。蒸发操作比较简便，主要是掌握好蒸的时间和原料的涨发程度。蒸发时还可以加入调味品或其他配料同蒸，增进原料的滋味。

在热水发之前，干货原料可先用冷水洗涤和浸泡，以提高涨发质量、缩短发料时间。

2. 碱发　碱发是将干制原料置于碱溶液中进行涨发的过程。它是先将干料放入清水中浸泡，蛋白质干凝胶吸水膨润，开始回软，再放入碱水中浸泡，最后用清水漂浸，清除碱味和腥臊味。使用范围限于一些肉质僵硬、反复用热水发不易发透的原料。例如墨鱼、鱿鱼等。有的原料如海参、笋干、鱼翅等，本应用热水发，但万一急等使用也可用碱发。其他质地较软的干货原料都不宜碱发。碱发能缩短发料时间，使干货原料迅速涨发，但营养成分有一定损失。因此，运用碱发要审慎，并注意碱的浓度。

（1）碱面（碱粉）发　碱面发是先将干料用冷水或温水泡至回软，再用花刀切成小块，并在表面沾满碱面。涨发时再用开水冲烫，烫至成形后用清水漂净碱分。此法的优点是沾有碱面的原料存储时间较长，涨发方便。

（2）生碱水发　生碱水，又称石碱、碳酸钠，溶液腐蚀性较弱，适宜富含蛋白质的原料。一般先用清水把原料浸泡至柔软，再放入浓度约5%（即纯碱与水的比例为1：20）的生碱水中泡发。在使用中，应根据原料的质地与水温的高低，对碱水浓度和泡发的时间进行调节。在浓度较小的情况下，可对猴头、燕窝等高档原料涨发。在涨发过程中，应将浸泡回软的原料放入碱水中，待涨发到一定程度时，再根据烹调的要求，放入80～90℃的热水中烫泡，然后用清水洗去原料表面的碱分即可。生碱水发的原料适合用于烧、烩、熘、拌以及做汤等烹调方法。

（3）熟碱水发　熟碱水，又称混合碱溶液，它的配制原理是碱和石灰混合后发生化学反应，生成强碱性物质。具体方法是在9千克左右的开水中加入约350克碱面和约200克生石灰，搅匀、静置，澄清后取其清液，即可用于干货原料涨发。此法泡过的原料不黏滑，具有韧性及柔软的特点，适合于炒、爆等烹调方法制作的菜品。

碱水发在操作过程中要注意以下几点：

①用碱分量必须根据原料质地性能而定，不能过多。

②掌握碱水浸发的时间，透身即可。

③涨发后必须用清水将碱味漂去。

④禁止使用烧碱等对人体健康有损的碱性物质。

3. 油发　油发又称为"炸发"，就是将干货原料置于高温度的油中，使化学结合水汽化，形成物料组织的空洞结构，体积增大（膨化），再复水的过程。主要适用于猪皮、蹄筋、鱼肚等含有丰富胶原蛋白的动物性原料。

操作方法是将干燥、清洁、无杂质异味的原料直接下入适量的凉油或温油（60℃为限）锅中，缓慢加热，使原料浸发至回软，待其回软，可升高油温，将原料炸至体积膨胀。一些胶质含量比较大的动物干货原料，如鱼肚、花胶、蹄筋等在较高油温的作用下，会逐渐膨胀发大，并且变得疏松香脆，比原来体积增大几倍，用水浸发后，变得松软香滑。

由于油发后的原料有大量的油污，因而油发后还应结合碱溶液浸泡和清水漂洗。使用前应先用食碱溶液浸漂脱脂，并在碱溶液中进一步涨发，恢复质地，再用水发的方法，浸漂除碱味。

油发过程中，关键在于掌握好原料落锅油温、浸炸过程的油温和时间、原料捞起的油温、原料涨发的程度等。因此，应根据原料涨发的程度，灵活掌握火候。如果下锅时油温过高，加热过程火力太旺，会造成外焦而里面发不透。

4. 火发　火发即把干货原料放在火上烤或烤焙的方法。火发，并不是用火将原料直接发透，而是某些特殊的干货原料在进行水发前的一种辅助性加工方法，例如乌参、岩参等原料。火发一般都要经过烧、刮、浸、滚、煨等几个工序，主要是通过火的烧燎将干货原料外表的绒毛的角质、钙质化的硬皮除掉。为保证原料涨发后的使用价值和食用价值，应掌握烧燎的程度，可采用边烧燎边刮皮的方式，以免因烧燎过度而损伤干货原料内部的组织成分。火发只是一种辅助的涨发方法，平时使用不多。

5. 盐发　盐发是用盐作为传热媒介，来发制干货原料。先把盐炒烫，使盐中水分蒸发，颗粒敞开，下料后使用温火加热，让其缓慢加热，以免外焦里不熟。一般用于油发的原料，也可用于盐法。在涨发过程中，食盐呈全颗粒状，传热没有液态的油脂那么均匀，操作时需要不停翻炒，经常焐、焖，特别是干料开始涨大时，必须温火多焖勤炒，使原料四周正反面受热均匀，回软卷缩，直至膨松。盐发对干货原料的含水量要求不甚严格，受潮回软的也可以涨发。经盐发的干货原料，在烹制菜肴前要用热水浸泡回软，去除污物和杂质，洗刷干净。

四、植物性干货原料涨发实例

1. 香菇　将香菇上的浮灰拭去，放入容器内，倒入 60~70℃热水，加盖闷 2 小时左右，然后用手顺一个方向搅动，使菌褶中的泥沙脱落，片刻后，轻轻将香菇捞出，原汁水滤去杂质后留用。

注意事项：原料应充分吸水，体形完整，无杂质，整体回软，无硬茬。

2. 木耳　将干木耳（包括黑木耳、银耳）直接放在冷水中浸泡，使其缓慢吸收水分，待其体积膨大后，摘去根部及杂质，用清水洗净浸泡备用。一般需 3 小时，冬季可用温水泡发。

注意事项：原料应充分吸水，体形完整，无杂质，色泽要黑亮。

3. 莲子　将莲子倒入碱开水溶液（水碱比例为 20∶1）中，用硬竹刷在水中搅搓冲刷，待水变红时再换水，刷 3~4 遍，直至皮净发白为止，然后削去莲子顶端小芽，切去下端，用竹签捅去莲心，洗净加清水上笼蒸 15~20 分钟，去掉原汤，另放入清水中备用。

注意事项：掌握好蒸发的时间，做到酥而不烂，保持原料外形完整。

4. 猴头菌　先用冷水将猴头菌浸软，再用开水泡 1~2 小时，放在清水中剥去老根，切成厚片，每片上要带上猴毛，并用清水煮透，换水再煮，如此 3~5 遍以去除苦味。然后装入容器中，加入鲜汤和调味料，上笼蒸至熟烂即可。用时再切成小形的片或块。

注意事项：涨发猴头一定先用温水把它泡至回软，洗净沙质，再换水煮至涨透，然后把涨透的猴头去掉根蒂和长毛。

5. **海带** 海带的涨发率是 700%~800%。先用冷水将海带浸发半小时，然后用细毛软刷刷去白色的灰沙和盐，冲洗干净后放在盛器内，用热水泡发 10 分钟，然后将已发透的海带取出，用少许米醋捏擦海带表皮，使表面黏液浮起，再用清水冲洗干净即可。

注意事项：避免涨发过度，否则容易引起海带爆皮破碎。

五、动物性干货原料涨发实例

1. **蹄筋** 常用的蹄筋有猪、牛两种，涨发方法有油发、水发、水油混合发及盐发等。

油发是先将蹄筋放入热水中洗去附着的污物和油脂，晾干后放入冷油或温油锅中，油量宜多。在油温逐渐升高的过程中，用手勺不断搅动。待蹄筋漂起并产生气泡时，将锅端移火口，用余热焐透蹄筋。等蹄筋逐渐缩小、气泡消失后再继续加热，可反复几次。直至涨发饱满松泡时，捞起放进碱水中洗去油腻并使其回软，再用清水漂洗干净，另换清水浸泡待用。

水发是先将蹄筋用淘米水浸泡稍软，捞出后放进沸水盆中，继续浸泡数小时至回软捞出，再放入盆中并添加鲜汤、料酒、姜片和葱段，上笼用旺火沸水较长时间蒸至无硬心即成。

注意事项：油发蹄筋涨发率高、时间短，但口感稍差。一般 1 千克干货原料可涨发成 4~5 千克湿料；水发蹄筋色白，口感糯、韧，弹性十足，但涨发率较低，存放时间较短。一般 1 千克干货原料可涨发成 2~3 千克湿料。

2. **燕窝** 燕窝又称"燕菜"，是高级烹饪原料和滋补品，其涨发分四个步骤。

（1）沸水软泡 先用沸水把燕窝浸泡发软，再用温水漂洗干净。

（2）择毛 将洗好的燕窝放进冷水中，使其自然漂浮，用小镊子仔细夹尽绒毛和杂质，再换冷水浸泡。

（3）提质 将浸泡的净燕窝放入容器内，加入碱粉和沸水，通常 15 克燕窝加碱粉 3 克、沸水 750 克。闷至水转凉，使其迅速涨发（体积增大 3 倍），以手捻着有柔软滑嫩之感、不发硬为标准。这是燕窝涨发的关键步骤。

（4）漂洗 用冷水对提好质的燕窝进行两次漂洗，去掉碱分、涩味，即成半成品。

注意事项：燕窝若发得过度，易导致溶烂；发不透，则留有硬心。因此在发制时，应根据季节和燕窝质地控制好水温与发制时间，经常检查，并在发好后尽快使用。为保证质量，涨发燕窝的水与工具、器皿都要清洁，不可沾有污物。择毛时，最好盛入白色盆内，以便于操作。

3. 海参 海参通常采用水发与泡煮相结合的涨发方法，发成后的海参应饱满、滑嫩、两端完整、内壁光滑、无异味。不同品种和质地的海参具有不同的涨发特性。例如，大乌参、岩参等皮坚质厚型的海参，需先用火烤，再采用多焖少煮的方法；红旗参、乌条参、花瓶参等皮薄肉嫩型的海参，应多泡少煮。

皮坚肉厚型：先放在火上将参外皮均匀烤焦，然后刮除焦皮，露出深褐色的肉质。放入冷水中浸泡至软，再放入冷水锅中，烧开后改用小火保温，焖 2~3 小时取出，剖腹去肠及韧带，洗净后放入清水锅中，烧沸后焖 2 小时左右，捞出，换清水，再烧沸后焖至充分涨发，捞出后将腹膜撕去，刮去表面黑衣，洗净后浸泡在冷水中备用。

皮薄肉嫩型：先用开水泡 12 小时，换一次开水，待参体回软时，剖腹去肠杂，洗净，放入开水锅煮半小时，原水浸泡 12 小时，另换水烧开 5 分钟，仍原汁浸泡，如此 2~3 天即成。

注意事项：发制过程中和发好后都不要沾到油、盐、酸、碱，以确保清洁；涨发时勤换清水，以去除不良异味；剖腹去肠杂时，注意不要碰破腹膜，保持形体完整。

4. **鱼翅**　鱼翅类同于海参，总体上是反复水发结合煮发。不同产地和质地的鱼翅根据翅老嫩、大小、厚薄的不同，发料流程也有所不同。下面以老黄翅（金山黄、吕宁黄、香港老黄）和小包装散翅为例分别说明。

老黄翅：将鱼翅剪边后，在冷水中浸泡 12 小时左右，使其回软，换水，用小火先煮后焖 2 小时左右，取出，刮洗翅沙，边刮边洗。若沙无法除尽，可用开水闷至沙粒大，部分突起时再刮洗。转换清水，用小火焖 4~6 小时，至翅根部涨开取出，除根、割腐肉，换水继续焖 1 小时左右，至鱼翅黏糯，分质提取，洗净浸泡在清水中备用。

小包装散翅：先将浮尘洗去，用 85~90℃ 热水泡发约 1 小时，换清水加热。大火上汽后改用中火蒸发 2 小时左右，洗净浸泡在清水中待用。

注意事项：涨发必须根据鱼翅的大小、老嫩分别进行，防止老的发不透、嫩的发烂；发好的鱼翅不能放在水中浸漂过久，以免发臭变质；为保证质量，不能用铜、铁或带有盐、碱、矾、油等物质的容器盛装，以防污染鱼翅，造成黑迹黄斑。

5. **鲍鱼**　鲍鱼的涨发有水煮、水蒸法和碱水发两种。

水煮、水蒸法：先将鲍鱼用冷水浸泡 12 小时左右，刷去污垢并洗净，然后放入冷水锅内闷 4~5 小时，直至发透，以回软，用手捏动无硬心为好。也可先用温水将鲍鱼浸泡回软并刷洗干净，然后放入锅中，加入料酒、鸡骨、葱、姜酒和水，蒸 4~5 小时即可。一般 1 千克干鲍鱼可涨发成 2~3 千克湿料。

熟碱水发法：将干鲍鱼用温水浸泡回软，无硬心时取出，去除杂质后洗净，用刀平片两三片（注意保持形体完整相连），浸泡在熟碱水中，每隔1小时翻动或轻轻搅动1次，待鲍鱼内部透明、表面光亮时捞出，漂洗去碱味，浸泡在清水中备用。假如尚未发透，可再投入熟碱水中重复操作1次。

注意事项：发料时注意质地和季节，老硬者泡发时间可长些；夏季碱水浓度宜低。

熟碱水配制比例：生石灰块50克，纯碱100克，加沸水250克搅匀，待溶化后，加冷水250克搅匀，澄清后取清液使用。

第五章

上浆、挂糊、勾芡、制汤

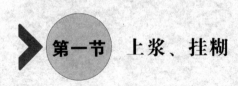

第一节 上浆、挂糊

浆和糊是两种用料和制法基本相同、性状略有差别的浆状与糊状的流体、半流体物质。主要用料有鸡蛋、淀粉（或面粉、玉米粉、米粉）、水或油、发酵粉等。上浆、挂糊就是在经过刀工处理后的韧性原料的表面上，着上一层黏性糊浆，如同让原料穿上衣服，因此行话称之为"着衣"。

上浆、挂糊是烹调技术中非常重要的一环，使用范围非常广。炸、熘、爆、炒等菜肴的烹调中，弹性强的原料都要使用此法；煎、贴、蒸、扣等烹调方法中，也有一部分原料常常使用此法。

一、上浆、挂糊的区别

上浆是将调味品（盐、料酒、葱、姜汁等）、淀粉、鸡蛋清直接加在原料上拌和均匀成浆状流体物质。加材料分先后顺序，加一种材料后，要用先轻后重、先慢后快的手法拌几下，抓拌均匀后再加另一种。上浆一般较薄，多用于爆、炒等烹调方法。

上浆的原料在开始搅拌时，由于浆、糊和原料还没有充分融合，淀粉和水尚未调和，浓度不够，黏性不足，所以搅拌速度应慢些，以防止浆、糊溢出。通过搅拌，糊中的浓度渐渐增大，黏性渐渐加强，就可以逐渐加快速度，使其越搅越浓，越搅越黏。

挂糊是先将淀粉用水或蛋和成糊状物（衣），然后将材料浸入此液。挂糊通常较厚，多用于炸、熘、煎、贴等烹调方法。

用旺火烹制上浆、挂糊原料时，只能在油五六成热时下锅，防止炸得外焦里不熟；用慢火烹制时，一般在油六七成热时下锅。为保证菜肴质量，一次投入量不要太多，假如因不慎而投入太多时，应立即升高油温。

二、上浆、挂糊的作用

上浆和挂糊对菜肴的色、香、味、形有很大的影响，是烹调前的重要步骤。其主要作用如下：

1. 保持原料中的水分和鲜味　凡属鸡、鸭、鱼、肉等韧性原料，在旺火热油的高温中，水分耗得快，鲜味也会随着水分外溢，制出来的菜质地老，味不鲜。上浆、挂糊后的原料在熟制初期，由于淀粉吸水糊化，蛋白质变性凝固，在原料外面形成黏性的保护层，使原料不直接与高温油接触，从而保持了原料的鲜味和滑、嫩、香、脆、酥或外焦里嫩的性质。

2. 保持和增加菜肴的营养成分　假如鸡、鸭、鱼、肉等原料与高温的热油直接接触，蛋白质、脂肪、维生素等营养成分均会遭受到一定破坏，而经过上浆、挂糊的处理后，养分不易溢出，可以最大限度地减小原料中营养成分的损失。并且糊浆本身是由淀粉和鸡蛋等组成，可以补偿原料中营养成分的不足，使其增香、增色，从而增加菜肴的营养价值。

3. 保护加工后原料的完整形态　鸡、鸭、鱼、肉等原料被加工成片、丝、丁、条、块等各种形状，经过上浆、挂糊的处理，再加工就不易因散碎、断裂、干瘪而改变形态，从而达到造型美的目的。

三、浆、糊的调制方法

蛋、面粉、米粉、发粉、苏打粉、面包粉等是糊、浆的主要材料。蛋白及苏打粉具有滑溜而柔软的特色；蛋黄及发粉则有爽软的特色；面粉、米粉、面包粉的特色是香脆。但并不意味着所有浆、糊的制作都要使用这些材料，而是要依不同的材料性质选择适当的糊料。因此，在烹调前要迅速掌握菜肴的性质，然后根据实际需要上浆、挂糊。

由于各地方的习惯以及各种菜肴做法的不同，浆、糊的调制方法和材料比例也不相同，且比较复杂。一般常用的有以下几种：

蛋清糊：用蛋清、淀粉（或百合粉）和适量的盐调制而成。上浆适用于软炒、滑熘，例如炒虾仁、熘鱼片、熘野鸡片等。挂糊适用于软炸，如软炸猪腰、软炸鸡丁。

全蛋糊：将鸡蛋打散开，加入淀粉或面粉调匀。常用于榨菜类，成品外酥脆内松嫩，色泽金黄。

蛋泡糊：又叫"雪衣糊"。用力将蛋清沿一方向抽打成泡沫状，加百合粉和适量的盐调制而成。能使菜肴烹制后色白如霜，涨发饱满而松嫩。上浆适用于熘鸡丝、熘里脊丝等。挂糊适用于滑鸡球、棒棒鸡、西滑肉片等。

拖香糊（拖蛋糊、滚面包粉或芝麻等）：将鸡蛋打散成蛋液，加入淀粉或面粉调匀成糊，原料先经基本调味，于糊中拖过，再滚上一层面包屑或芝麻仁、花生仁、松子仁等。适用于干炸，如炸牛排、炸猪排等，成品外香脆内鲜嫩。在滚蘸芝麻或花生时，滚后用手稍微按一下，以免在油炸时碰撞脱落，并严格控制油温和火候。

拍粉拖蛋清：将原料先拍上面粉，再拖抹鸡蛋清。烹制后颜色金黄，口味香嫩。锅塌鱼、锅塌豆腐多使用这种糊。

乳汁糊：用蛋清加清水、淀粉调制而成，又叫"白汁糊""清稀糊"。多用于滑熘、滑炒、爆等上浆。菜肴烹制后呈白色透隐红，菜味软香嫩。

水粉糊：俗称"干浆糊"。用淀粉加清水调制而成。上浆适用于炒菜，例如炒腰花、炒猪肝等。挂糊适用于干炸、干熘，例如糖醋鱼等。

发粉糊：俗称松糊。由面粉或糯米粉和水调成糊状，再掺入苏打或发酵粉搅匀而成。其性涨发，可代替蛋泡糊使用。荤素菜均宜用。成品外壳酥脆，色淡黄，形饱满，例如面拖小黄鱼等。

脆浆粉：用水将面粉、淀粉调匀，加入油、发酵粉，一起调匀即成。成品感官性状与发粉基本相同，且更加松酥。多用于脆皮鸡、脆炸肉丸等脆炸菜类的烹调。

苏打糊：用蛋清、淀粉、苏打粉、盐和清水调匀。多用于炸菜类。菜肴红中含紫色，滑而且嫩。

干粉糊：又称"狮子糊"。先将调味品和水涂在原料上，然后拍上淀粉或面粉，可用于焦炒鱼条、炸烹虾蛄等菜肴。

四、制糊、浆的注意事项

1. 注意各种浆、糊的浓度　浆、糊的浓度应当结合原料的老嫩和是否经过冷冻以及原料在挂糊后距离烹调时间的长短等因素来确定。较老的原料，本身含水分较少，吸水力强，浆、糊中的水分应适当增多，浓度要稀些；而较嫩的原料本身所含有的水分较多，吸水力较弱，浆、糊中的水分就应适当减少，浓度可以较稠些。新鲜的原料，表面含的水分较多，浆、糊的浓度不妨稀些；而经过冷冻的原料，表面含的水分较多，浆、糊的浓度不妨稠厚些。上浆、挂糊后立即烹调的原料，浆、糊的浓度可加稠，因为如果过稀，原料来不及吸收浆、糊中的水分就下锅炸制，浆、糊极易脱落；若原料在上浆、挂糊后要经过一段时间才烹调，原料有充分的时间吸收浆、糊中的水分，同时浆、糊易暴露在空气中，水分也易蒸发一些，所以浆中的水分就应当增多，使其浓度略为稀薄一些。

2. 浆、糊必须搅拌均匀，不能使糊中存有小的淀粉粒　因为糊、浆内有小的淀粉粒存在，会吸附在原料的表面上，当将原料投入油锅后，这些小粒就爆裂脱落，使菜肴表面不光滑，影响菜肴的色泽与形状。同时，必须把原料表面全部挂匀糊，糊挂得不匀，烹调时就会影响菜肴的色泽和质量。

另外，除了上浆、挂糊之外，也有只着粉的方法，又称"拍粉"。此法是将材料浸入调味料后，在表面拍上面粉或淀粉，然后油炸。作用是可使菜刀做出的花纹保持原状，同时保持原料的硬软程度及大小不被破坏，原料的味道也不会发散掉。炸鱼通常采用这一方法，有时也与挂糊结合使用。

第二节　勾芡

芡，是用水把淀粉稀释成粉浆，又叫水淀粉。勾芡就是根据烹调要求在菜肴即将成熟或成熟装盘后将粉浆（此用熟芡）淋在锅（盘）内使粉浆汁附着于原料上的一种方法。虽然勾芡不属于对烹饪原料的保护性加工，但从加工方法和制作工艺方面来讲，它与挂糊、上浆、着粉等工艺很相近，同时勾芡也是烹调程序中必须掌握的一项基本技术。

一、勾芡的意义及作用

勾芡的主要材料是淀粉和水。勾芡的好坏，对成品菜肴的色、香、味、形有着非常大的影响。原因是淀粉遇高温后，会吸水成糊，膨胀而加强黏性，有产生光泽及润滑的作用，勾芡的作用主要有以下几点：

1. 使菜肴的汤增加黏性及浓度 一般菜肴在烹调时大多会加液体调味品或水，材料受热后也会流失一部分水分，这些水分与材料不会亲和，会影响菜肴的味道。加了芡，则水分的黏性及浓度会增加，锅中的材料和煮汁会亲和，从而增加菜品或汤汁的浓稠度，分散在舌头的味蕾上，增加接触时间和接触面积，从而感到味美绵长。

2. 增加菜肴的光泽和美观 菜肴做了勾芡，由于粉所具有的光泽，会使色彩美丽、透明，同时可使菜肴长时间保持原状，不致干瘪。

3. 保持菜肴的温度 由于芡汁淀粉糊化，浓度增加，附着在菜肴上，使其传热慢，有保温的作用。

4. 突出菜肴的风格特点 例如，鸡蛋、酸辣汤等，在勾芡后投放鸡蛋液，蛋花便浮在面上，既突出主料又增加美观。再如，鸡粥鱼翅有的做法是先放入味的鱼翅，可增加美感并突出主料。由于糊化后的黏稠度和浓度增加，因而能托住鱼翅浮在粥面上。

二、勾芡的原料

勾芡所用淀粉的选用，应根据菜肴制作的不同要求而定，考虑因素包括色泽、黏性、吸水性等方面。常用的淀粉有以下几种：

1. 绿豆淀粉 绿豆淀粉是由绿豆水涨、磨碎、沉淀而成。特点是黏性足，吸水性小，色洁白而有光泽，是质量最佳的淀粉，一般很少使用。

2. 马铃薯淀粉 马铃薯淀粉是由马铃薯磨碎、揉洗、沉淀制成的。特点是黏性足，质地细腻，色洁白，光泽优于绿豆淀粉，但吸水性差。它是目前家庭常用的淀粉。

3. 小麦淀粉 小麦淀粉是用面粉制成或麦麸洗面筋后沉淀而成。特点是色白，但光泽较差，质量不如马铃薯粉，勾芡后容易沉淀。

4. 甘薯淀粉 甘薯淀粉是由鲜薯磨碎、揉洗、沉淀而成。特点是色暗红带黑，无光泽，吸水能力强，但黏性较差。

另外，还有玉米淀粉，菱、藕淀粉，荸荠淀粉等。

三、勾芡的方法

根据菜肴制作要求的不同，芡汁的调制也各不相同。常用的粉汁有混合粉汁和单纯粉汁两种形式。

混合粉汁也叫调味对汁，是指事先将淀粉同水和其他调味料调匀成对汁。它具有调味和勾芡的双重作用。主要用于旺火速成的菜肴。

单纯粉汁也叫湿淀粉或水淀粉。在调制时要求无粉粒沉淀、浓度适中、淀粉需在水中均匀分散。有些菜肴不宜用调味芡汁，例如糟熘鱼皮等。

芡汁的使用方法要根据不同菜肴的要求，合理使用。常用的着芡方法有泼入式和淋入式两种。

泼入式翻拌勾芡是指菜肴在即将成熟时，将调味芡汁倒入锅内翻炒均匀，待淀粉糊化，芡已包住原料时即可出锅。这种方法使用得较多，具有迅速受热成芡汁、裹附均匀的特点。通常使用对汁芡对旺火速成类型菜肴的勾芡。

淋入式推晃勾芡是在菜肴即将成熟时，将芡粉汁缓缓淋入锅中，边淋入边晃动炒锅。淋完芡汁再轻轻推动使芡汁分布均匀，见芡汁糊化即出锅。这种方法具有平稳、糊化均匀缓慢的特点。通常用于中、小火力加热的具有一定卤液的菜肴，大多数采用单纯粉汁，成芡一般为薄质芡汁，特别是一些易碎或形体较大的原料。

根据菜肴性质的不同，芡汁的厚薄、多少也存在一定的区别。按照芡汁浓度的差异，一般分为厚芡和薄芡两大类。厚芡包括包芡、糊芡两种；薄芡包括流芡、汤羹芡两种。

1. 包芡　包芡也叫抱芡、抱汁等，可使菜肴的卤汁稠浓，基本上都裹到原料表面，吃完菜肴后，盘中几乎见不到卤汁，只有微量油汁。适用于爆、炒等烹调方法。包芡要求菜肴原料与汤汁的比例要恰当，尤其汤汁不宜过多；还要求芡汁浓度要适中，过大时菜肴原料表面芡汁无法裹得均匀，过少又缺乏黏附力。

2. 糊芡　糊芡是指菜肴汤汁较多，勾芡后呈糊状的一种厚芡。糊芡所用淀粉比包芡略稀，可使菜品的原料和汤汁交融，口感浓厚而滑润。

3. 流芡　流芡也叫琉璃芡，其特点呈流泻状，其浓稠度要小于糊芡。流芡粉汁较稀，有黏性，可使卤汁浓稠，浇在菜肴上能增加滋味和色彩，常用于烧、扒、熘、烩等菜肴的制作。

4. 汤羹芡　汤羹芡也叫奶汤芡、米汤芡、玻璃芡等。所用淀粉汁最稀，具有黏稠、质滑、稀而透明的特点。用此芡可使菜的汤汁略稠一些，有黏味，起增加口感的作用，多用于汤汁较多的烩菜。

四、操作实例

1. 蟹粉豆腐

原料：内酯豆腐1盒，50克蟹粉，虾仁25克，姜10克，精盐、味精、胡椒粉、生粉、料酒、油各适量。

操作步骤：

①豆腐切成小正方块；蟹粉分开放；姜去皮切末；再将豆腐放入锅中过水后倒出；将姜末炒香，倒入蟹粉、虾仁炒香，放入少许料酒，加水烧开。

②加盐、味精、胡椒粉，再倒入豆腐，开小火烩约 2 分钟后，用生粉勾芡出锅。

操作要领：可以用咸蛋黄代替蟹粉，将咸蛋黄事先蒸熟碾碎，代替蟹粉下锅即可。

2. **尖椒茄子**

原料：尖椒 80 克，茄子 80 克，蒜蓉 5 克，酱油 5 克，蚝油 5 克，盐 5 克，味精 3 克，生粉少许，植物油 20 克。

操作步骤：

①茄子、尖椒均切条。

②放油下锅，下尖椒过油后，加入茄子，用慢火焖 3 分钟；锅底留油，放蒜蓉爆香；放入茄子、尖椒、蚝油、盐、味精翻炒均匀，用生粉勾芡即可。

操作要领：紫色茄子最佳，不宜选用表皮皱缩、光泽黯淡的茄子。

无论是哪种芡汁，在使用时，都要根据实际情况，灵活掌握种类的选择以及厚薄度、量的多少等，只有这样才能达到最佳的效果。

3. **百合南瓜**

原料：鲜百合 1 包，小南瓜半个，红辣椒半个，盐 2 克，味精 3 克，植物油 20 克，生粉 10 克。

操作步骤：

①南瓜洗净去皮切块；百合洗净；红辣椒切菱形片。

②锅中注入适量水，烧开，放入南瓜、百合焯烫后，捞出沥干水；锅上火，油烧热，放入南瓜、百合、红辣椒，放入调味料炒匀，用生粉勾芡即可出锅。

操作要领：应选用外皮干黄的南瓜，这种南瓜含水分少，口感松软，更好吃。

4. 洋葱鳝段

原料：鳝鱼丝 300 克，洋葱 50 克，圆葱、红椒、青椒各 20 克，色拉油 30 克，盐、胡椒粉、味精、淀粉、黄酒各适量。

操作步骤：

①鳝鱼丝切成段；红、青椒切成菱形片；洋葱切片；锅中油烧至四成热时，放入鳝鱼段滑熟；红、青椒片用油焐熟，待用。

②炒锅留底油，加黄酒、盐、味精调味，用淀粉勾芡；倒入鳝鱼段、圆葱及红、青椒，翻匀装盘，撒上胡椒粉即可。

操作要领：放入鳝鱼后，迅速爆炒最佳。

第三节 制汤

在饮食行业里，制汤又称吊汤或汤锅，就是将鸡、鸭、猪（排骨、腿、肘）、干贝、牛肉等富含蛋白质、脂肪和鲜味的动植物原料放在水中，经过较长时间的煮沸、熬，使其所含的成分与沸水融合，成为鲜醇味美的汤，是烹饪技术的基本功之一。

制汤原料分动物性和植物性两类，两者均含蛋白质、脂肪、糖类、维生素及无机盐等营养成分，但所含的种类和数量不同。例如，一般动物性原料所含的蛋白质和脂肪，远较植物性原料丰富。

一、制汤的作用和影响因素

1. **制汤的作用** 制汤的作用主要有两点：一是为汤类菜肴提供半成品；二是增加原料的鲜香味。

在制作鱼翅、燕窝、海参等高档菜肴时，好汤必不可少。原因是这些海味多系胶原蛋白质，本身有腥气味，除腥后又平淡无味，但由于它们组织紧密，难以入味，因而在成菜前必须用鲜汤煨味。例如谭家菜的"黄焖鱼翅"，鱼翅要用好汤蒸煨约三天（中间换汤两三次）再焖，如此才可使鱼翅柔润入味，鲜美可口。

在水中加味精固然感到鲜，但这是单一的；汤中鲜味物质，有氨基酸、肌苷酸及其他含氮浸出物，呈味成分多样复合，因而味醇绵长。在植物性原料中，黄豆芽所含的磷脂能使分散在水中的小油滴乳化，形成稳定的奶汤；菌类的鲜味物质主要是鸟苷酸；竹荪的鲜味物质主要是天门冬氨酸。

2. **火候对制汤的影响** 在对汤进行加热时，控制火力大小和时间长短非常关键，即制汤的关键在于火候，因此应根据制汤要求，恰当地掌握火候。

制奶汤是先用大火烧开，然后改用中小火保持沸腾状态，使原料中的可溶性蛋白质、含氮浸出物溢出。其中，蛋白质受振荡（沸腾）的冲撞而形成较大的分子聚集体（颗粒），悬浮在汤（水）中；脂肪受热超过熔点即熔化，由组织流出，因振荡而形成大量的分子聚集体，并均匀地分散在水中（油在水中）。这些分子聚集体不能使光线通达而将光线反射，呈现出乳白色，因而俗称奶汤。

制清汤是先用大火烧开，再改用小火，控制不使汤沸腾，因此可溶性物质颗粒小，基本上是单个分子均匀地分散在水中。脂肪因表面张力及比重关系浮于汤面，而不形成微粒、小油滴，光线通过汤时没有反射，表现出澄清、透明的状态，因而俗称清汤。

3. 调味品对制汤的影响　食盐、料酒、葱、姜等是在制汤时常用的调味品。

食盐与制汤的关系比较大。汤中无盐，醇鲜味不突出；投盐过早，对汤的色、味均不利，对原料质地也有影响。因此一般在原料有八九成熟时再放盐。料酒、葱、姜的最佳投放时间是汤刚烧开时，可最大程度地去腥增香。由于制汤原料（动物性）在下锅前都先经过洗净和焯水，均可起到去腥的作用，因而制汤加料酒已是第二、三次去腥的措施，不宜多放；葱、姜含有香气成分，可增加汤的香味，但受热后会变甜，原因是所含的硫化物被还原成甜味很强的硫醇类，因此葱、姜也不宜多放。

另外，丁香、八角等香料中含有鞣质。鞣质氧化时变青黑，在有铁的条件下变黑的速度加快，色泽加深。因此，这类香料不易加入汤中，否则汤色会变暗泛黑。

二、汤的种类与制汤方法

1. 一般奶汤　一般常用的原料有猪、猪蹄髈、猪排和猪骨架等。

制法：这种汤只供制作普通菜肴使用。制法是先将材料洗净，用沸水焯过后投入大锅中烧开，撇去浮沫后加入料酒、葱结、姜块（拍松），加盖继续加热，等原料成熟后捞出，猪骨拆去骨肉，盛出一半汤（保管好，当汤锅用得差不多时再加入），这样汤锅中汤的浓度和味前后基本相同，继续加热，待汤色变成白浊时即成。

2. 特制奶汤　特制奶汤是选用含蛋白质、脂肪都丰富的原料来制作，各地做法没有太大的差异。

原料：母鸡 2 只，鸭子 1 只，排骨 2500 克（以腿棒子骨为佳，用时敲断），猪蹄髈 1500 克左右，葱、姜各 50 克。

制法：先将各种原料洗净，葱打结（或切断），姜块拍松。锅中放水 15 千克左右，然后将所有原料投入锅中，用旺火烧开后将浮沫撇去，捞出各种料洗净，原水滤渣再入锅，下料先后顺序为猪骨、鸡鸭肉、葱、姜，加盖后用大火烧开。再改用中火使汤保持沸腾状态，大约 2 小时后，汤呈奶白色，肉质已酥烂，锅离火，捞出各种原料，然后将汤过滤后备用。

3. 一般清汤　原料包括老母鸭、老母鸡、猪排骨、猪瘦肉和料酒。

制法：将原料洗净后焯水，放入温水锅内，用中火烧沸，撇去浮沫后加入料酒，改用小火或微火保持不沸或微沸状态，熬制约 3 小时后，撇油滤渣备用。需要注意的一点是，不能使汤面沸腾，否则就造成汤汁变白、发浑。

4. 特制清汤　在已制好的一般清汤中加入澄清的材料加工制成，原理是投入含胶性的材料，起胶结吸附作用，从而将悬浮在汤中的混合物吸附胶结上浮，撇去后，使原清汤更清。用含蛋白质丰富的材料来澄清汤，则味更美。澄清汤的材料分普通和高档两种：普通的是明矾（硫酸铝钾）、鸡骨架、血水等；高档的是鸡脯肉、鸡腿肉和猪、牛瘦肉等。其中鸡脯肉称白茸子，其他材料则称红茸子。鸡骨架和瘦肉类均需捶成泥状，操作时需凉汤或清水解散搅匀下锅，待浮上表面后撇去，再将清汤过滤备用。

5. 素汤　即素菜肴常用的汤，分一般素汤和特制素汤两种。

一般素汤：用豆油炒黄豆芽加开水，大火烧开，加葱、姜，改中火保持沸腾状态，约 2 小时即成一般白奶汤。如果在大火烧开后，改用小火煮，则成一般清汤。

特制素汤：用一般素汤加口蘑或竹荪煮汤澄清即可。

第六章

火候调节与油温控制

第一节　火候的调节

火候是一个专业术语，火即火力，候即时间。通常来说火候就是烹制菜肴时所用火力的大小（即火力）和加热时间的长短（即火时）。火候是决定菜肴色泽、口味、香气、质地、形态质量的关键。火候掌握得好，菜肴色泽艳丽，形态美观，香气扑鼻，色、香、味、形俱佳；火候运用得不好，原料和刀工处理得再好，也会前功尽弃，菜肴成品该绿不绿、该香不香、该脆不脆、该嫩不嫩，炒菜不像炒菜，爆菜不像爆菜。因此，严格按照烹调的要求，使用一定的火力，对一定的原料进行一定时间的加热，使有味者出味，无味者入味，才称得上是正确运用火候。

一、火力的识别

识别火力是掌握火候的基础和前提，一般根据火焰高低、火光明暗和强弱等外在现象，将火力分为以下四类：

1. 旺火　旺火又称武火。其火焰高，急而稳定，火苗呈淡绿色或黄白色，光度明亮，热气逼人。旺火适用于快速烹制的菜肴，常用于炒、爆、烹、炸等烹调方法，或烹制较多的汤、羹类菜。

2. 中火　中火又称文武火。其火焰中等，缓慢而且比较稳定，火苗为浅绿色或橙红色，光度较暗，辐射热较强。中火适用于扒、烧、熘、煮等烹调方法，或炸制体大、质坚的菜肴原料。

3. 小火　小火又称文火、慢火。其火焰低而细小，火势软弱，火气较轻，火苗呈青绿色或橙黄色，听不见"呼呼"声，感觉不到扩散的热气。小火适用于煎、窝贴、煲、烧之类的菜肴。

4. 微火　又称绿豆火。因其火焰极其微小，形同绿豆而得名。火苗为绿色或暗红色，几乎看不到火焰，供热极其微弱。这种微火，在烹调中常为辅助性的加温方法，不大适用于烹制菜肴。

二、火候掌握与运用

火候的掌握必须和油温相结合。各种菜肴对油温的要求不同，有的需旺火热油，有的需旺火温油，有的则需中火温油，等等。而油的温度变化很大，因此要熟练地控制火力和油温。

一款菜肴的原料，往往有主料、辅料、调料之分，不同的原料有不同的加温程序。操作需经常调整火力、油温及水温，每一道程序，都会对成菜的质量产生直接的影响。而且，用同样的火力烹制菜肴，菜肴的分量多少也决定火候是否恰当。同样一道菜，在对火候的处理上就不尽相同。根据菜肴的要求，每种烹调技法在运用火候上也不是一成不变的。只有在烹调中综合各种因素，才能正确地运用好火候。

例如蒸制菜肴火候的掌握：小火沸水慢蒸适合小型的干货原料和造型菜、蛋羹等；中火沸水慢蒸适合大型的鸡、鸭、肘子、扣肉等；大火沸水快蒸适合快速蒸鱼、蟹、海鲜等。

又例如，炸制菜肴火候的掌握：原料外酥里嫩用火变化为中→小→大火，如糖醋鱼、香酥鸡、官烧目鱼等。中火定型，小火至熟，大火至酥脆，如先用小火会使原料失水、发干、缩小。原料全部酥脆用火变化为小→中→大火，如炸腰果、高丽虾、糖醋面筋等。由小至大火使水分从内至外炸酥脆，如先用大火会使表面原料凝固，内部水分不能炸出炸干。

三、火候的应用实例

1. 红烧肉

特点：色泽红亮诱人，口感酥烂，肥而不腻，鲜美适口。

原料：带皮五花肉 500 克，青菜心 50 克，葱 5 克，生姜 4 克，八角 2 克，桂皮 2 克，盐、白糖、红酱油、醋、味精、色拉油各适量。

制法：

①将带皮五花肉洗净后切块，大小约 2 厘米见方；葱切段，生姜切片待用。

②锅内倒入色拉油上火烧热，煸葱姜起香；然后放入肉块煸干水分，再放入红酱油和白糖煸炒上色。

③加入清水、盐、醋、八角和桂皮，旺火烧沸后转中小火，烧至肉块酥烂时加入适量味精，再用旺火将汤汁收干，装入盘中用炒熟的青菜心点缀即可。

2. 人参炖乌骨鸡

特点：乌骨鸡酥烂脱骨，汤清味鲜，口味醇厚，补血养气。

原料：光乌骨鸡 1 只，人参 12 克，葱、姜、火腿各 10 克，盐、味精、料酒各适量。

制法：

①将乌骨鸡背开去内脏，洗净，用刀根在鸡脊背里侧排斩几下，然后和火腿一起放入冷水锅中焯水，焯透以后捞入清水洗净；葱切段、姜切块备用。

②将乌骨鸡、火腿、人参、葱段、姜块、料酒一起放入有清水的砂锅中，用中火加热。

③沸腾后撇去浮沫，盖上盖，再转小火长时间加热。鸡肉八成烂时加入盐和味精调味，然后继续用小火炖至酥烂即可。

第二节　油温的控制

所谓油温，就是锅中的油经加热达到的各种温度。烹制不同类型的菜肴需要不同的油温，不同的油温同时又对应着不同的质感、色泽和形状等各个方面。油温控制的好坏会直接影响菜肴的外观、色彩、口味、香气等。油温的控制也是烹饪的重要技巧之一，直接反映了厨师水平的高低。

一、油温的识别

无论是划油，还是油炸、油汆、油爆，都应当正确掌握油温。要正确掌握油温，首先要能正确地鉴别各种程度不同的油温。正确掌握油温的前提是能够正确地识别油温。测量油温的工具有温度计和测温勺等，但温度计使用起来极其不便；而通过测温勺测量油温虽然效果直观准确，但目前还没有普及且使用不便。因此在平时操作中仍然是根据经验的判断来鉴别。

温油锅：三至四成热，指油温在 60～100℃，油面平静而有泡沫，无青烟和响声，适宜熘或干货原料涨发等，如蹄筋、响皮的温油过程。有保鲜嫩和除水分的作用。

热油锅：五至六成热，指油温在 110～160℃，油面从四周向中间翻动，泡沫基本消失，有微量青烟，搅动时微有响声，适宜炒、炝、炸或半成品等加工，如熟肉、丸子、炸鱼等。有酥皮增香、不易碎烂的作用。

旺油锅：七至八成热，指油温在170~220℃，油面冒青烟，看似平静但搅动时有炸响声，适宜爆、重油炸，如炸鱼等。有脆皮和凝结原料表面、不易碎烂的作用。

二、油温的控制

油温的控制就是根据烹调的需要，通过对不同的火力、不同的加热时间及其他因素的综合控制，把油控制在各种不同的温度范围内。在实际烹饪过程中，可根据以下一些因素对油温进行调节和控制：

1. 火力因素　调节火力的大小是调节油温的常用手段之一。

用旺火加热，油温上升的速度较快，原料下锅时油温应低一些。假如原料在火力旺、油温高的情况下入锅，很容易导致黏结散不开、外焦内不熟的现象。

用中小火加热，油温上升的速度较慢，原料下锅时油温应高一些。假如原料在火力弱、油温低的情况下入锅，则油温会迅速下降，造成脱浆、脱糊。

在实际操作中，经常调节炉灶开关既不方便，又不现实。如果火力太旺、油温上升太快，可以在保持火力不变的情况下，采用经常性地端锅离火或掺入冷油等措施来调节和控制油温。如果火力较弱、油温上升过慢，可以通过调节油锅在火上的加热时间来调节和控制油温。

2. 原料因素　在实际烹调工作中，油温的调节和控制还应根据原料的种种因素而定，主要包括原料的大小、多少、老嫩，是否冷藏等方面。一次性下料比较多，油温就应高一些。因为原料本身是凉的。投料数量多，油温必然迅速下降，而且降低幅度较大，回升慢，所以应在油温较高时投料下锅。一次性下料比较少，油温就应低一些。因为原料量少，油温下降的幅度也小，而且回升快，所以应在油温较低时下锅。形大而质老的原料，下锅时油温应低一些，时间要长一些；形小质嫩的原料，下锅时油温应高一些，时间要短一些。另外，经过冷藏的原料下锅时的油温要比没有经过冷藏的原料下锅时油温略高一些。

3. **质感因素** 油温的合理控制是决定菜肴成品质感的重要因素之一。要求外脆里嫩的菜肴，在炸制时应先用高油温定型炸制，而后用中油温将其炸熟、炸透，再用高油温复炸至外表酥脆、色泽金黄；要求菜肴成品外表香脆的，在炸制时应该将油温控制得低一些，尤其是外表粘上芝麻仁、松子仁、面包糠等香脆性原料的菜肴；要求色泽金黄、质感酥脆的要使用较高的油温；要求菜肴外表洁白、质感鲜嫩的应使用低油温加热。

为使原料得到合理而均匀的受热，必须对各种掌握油温的方法进行综合考虑，灵活掌握运用，才能把油温控制在原料所需要的温度范围内。

三、不同油温的应用

1. 滑炒虾仁

特点：色泽素雅洁白，肉质滑爽脆嫩，口味鲜香清淡。

原料：大虾 250 克，鸡蛋 1 个，葱、生姜各 5 克，干菱粉 4 克，湿菱粉 8 克，盐、味精、色拉油、香油各适量。

制法：

①将大虾洗净，剥出虾仁，剔出虾肠，用葱姜汁浸泡。约 15 分钟后捞出虾仁，将水分沥干，放碗内加入盐、味精、料酒、干菱粉、蛋清，搅拌均匀。

②锅内加入色拉油，上火烧至三四成热时将虾仁倒入滑油，并用手勺轻轻划散，待虾仁断生（八分熟）时倒出沥油。

③锅复上火，倒入虾仁，随即泼入湿菱粉，淋入香油，迅速颠

炒几下即可装盘。

2. 香炸牛排

特点：色泽金黄，焦酥香嫩，口味鲜美。

原料：牛里脊 200 克，鸡蛋 1 个，面包糠 120 克，葱、生姜各 8 克，黑胡椒粉 3 克，肉粉 1.5 克，盐、味精、料酒、花椒盐、色拉油等适量。

制法：

①将牛里脊洗净，切成长约 10 厘米、宽约 3 厘米、厚约 1 厘米的大片，放入碗内，加入葱、姜、料酒、盐、味精、黑胡椒粉、嫩肉粉，腌渍几个小时。

②将腌渍过的牛肉片两面蘸上蛋液，拍上面包糠，压紧制成牛排生坯；锅内倒入色拉油，烧至五六成热时放入牛排，炸透捞出。

③待油温升至七八成热时，将牛排放入锅中，炸至色泽金黄时捞出沥油，改刀装盘，再佐以花椒盐跟碟即成。

第七章

调味技巧

第一节 调味的基本知识

食物中所含的各种丰富养分,通过饮食被人体吸收,可以增加人体营养、补给能源、调节机能、促进发育。任何一盘有特色的菜肴都必须色、香、味俱全,才能达到刺激食欲的效果。因此,除选择加工原料和掌握恰当火候外,调味的技术对烹调的成败也至关重要。

调味就是根据主、辅料的特点和菜肴的要求,在整个烹制过程中,恰当而适量地配以调味料,使菜肴美味怡人。调味是烹调技术中重要的一环,是整体菜式的核心。任何菜肴,不经调味就不能产生或增加菜肴的鲜美滋味。具体来说,调味可以对菜肴起到解除异味、确定口味、调和滋味、增加色泽等作用。

一、调味的三个阶段

菜肴的调味一般可分为加热前、烹制中和加热后三个阶段。

1. 加热前的调味 这是调味的第一阶段,也叫基本调味。这是指某些菜肴在烹制前,先用调味品将菜肴腌浸、煨制一定时间,使味道渗透肌理,具有一定基本味道和初步解除原料中的一些异味。例如,烹制红烧鱼前,须用料酒和一些调味品将鱼腌制一定时间。

2. 烹制过程中的调味 这是调味的第二阶段,是决定一盘菜肴正式口味的调味阶段。其做法是,当菜肴原料下锅或下勺以后,根据菜肴的口味要求,选择适当时机,恰当地加入各种调味品,使其滋味渗入原料中。大多数菜肴的调味都需经这一阶段。

3. 加热后的调味　这是菜肴调味的最后阶段，是辅助性的调味。就是当菜肴快要成熟时，尝尝味道是否适口，进行再次找口或提鲜，以补助调味的不足。有些菜肴需要加热后进行调味，例如炸制和熟拌菜肴。

二、调味的基本原则

准确、适当、相宜地掌握运用各种调味方法，是烹调技术的基本要求。因为，各种烹调原料的性质、形态、质地、滋味都不一样；各地方口味的要求又有区别；同一类烹调方法在具体操作上也各有差异。因而在掌握菜肴的调味方法、口味、区别、调味品的数量和加放的时机上都需要准确、适当、相宜。由于各种菜肴原料性能、烹制方法和各个地区口味爱好不同，因此在调味中应该注意以下几点事项：

1. 对各种调味的使用要适当　任何菜肴的口味均以适度为宜，调味的品种、数量、投放顺序都应适宜，不能过多，不能主次不分，应该合理搭配。

2. 根据原料的性能调味　烹调中，对不同性质的原料因料施制，才符合调味的要求。例如，对鱼虾、肉类、蔬菜等新鲜原料，要保持其鲜美滋味，不宜调味过重；对水产品、动物内脏等腥膻气味较重的原料，烹调时要适当多用一些糖、醋、料酒、葱、姜、蒜等调味品，以解除腥膻不正的异味；烹制原料本身无鲜味的鱼翅、海参、燕窝等原料时，必须与鸡或口蘑等合烹，用以补助其滋味的不足，使其鲜味倍增。只有因料施制，才能发挥原料固有的特性，达到正确烹调菜肴之目的。

3. 掌握调味品的特性，适当调味　每一种调味品都有其本身的特性。例如，郫县豆瓣酱是川菜常用的调味料，具有香鲜醇厚、味辣不燥、豆瓣酥软、酱体油润、色泽红亮等特性。假如用于红烧家常豆腐或麻婆豆腐，通常将适量豆瓣剁细成酱后投入；如果用于红烧鲤鱼，则不必剁细，可与葱、姜拌和，以去除腥味。

4. 适应人们的口味爱好　烹调一份菜肴，首先要根据人们的口味确定其相宜的调味。人们的口味爱好常与当地物产、气候、饮食习惯有关。例如，北方一带喜咸，山西一带喜酸，江苏、浙江一带则多喜甜，四川、湖南一带多喜辣，等等。另外，当地物产、气候冷暖变化也影响着人们的口味爱好。例如，在酷暑盛夏，人们常愿意吃一些清凉爽口的菜肴；在数九隆冬，人们则喜欢吃一些脂肪丰富、汁厚味浓的菜肴；甚至同一天的早、午、晚三餐，人们对味的需要也有所差别。另外，进餐者的年龄、职业不同，对味的需求也不同。这些在烹制菜肴时，都应注意。

 **第二节　常用调味品的性质和运用**

　　调味品是烹饪原料中的辅佐材料，起着清除异味、增香提鲜的重要作用，对菜肴原料和菜肴质量的影响很大。通过对调料的增减，既能调和五味，又能突出烹调的风格特色，增强人们的食欲。

　　除在饮食中被用来调味外，调味品中还含有各种饮食中不可缺少的营养物质，直接关系着人体健康。例如，食盐是人体无机盐的主要来源；糖不仅是人体热能的主要来源，还能起到保肝的作用；醋可软化植物纤维，促进糖、磷、钙的吸收，有保护维生素 C 的作用；味精含有谷氨酸钠成分；葱、姜、蒜都含有蛋白质、糖、维生素等营养成分，并有抗菌消炎的作用。

调味品的种类主要有以下几种：

1. 液体味料

酱油：一种成分复杂的呈咸味的调味品，在调味中的应用仅次于食盐，可使菜肴入味，更能增加食物的色泽。适合红烧及制作卤味。

沙拉油：常见的烹调用油，可用糖稍微中和其咸度。

蚝油：是用蚝（牡蛎）熬制而成的调味料。本身很咸，可用糖稍微中和其咸度。

麻油（香油）：菜肴起锅前淋上，可增香味。腌制食物时，亦可加入以增添香味。

米酒：烹调鱼、肉类时添加少许，可去腥味。

辣椒酱：又称辣酱，即由红色辣椒磨成、呈赤红色黏稠状的酱。可增添辣味，并增加菜肴色泽。

辣豆瓣酱：由蚕豆、食盐、辣椒等原料酿制而成的酱，用油爆炒后，色泽及味道更好。以豆瓣酱调味的菜肴，无需加入太多酱油，以免成品过咸。

芝麻酱：本身较干，可用冷水或冷高汤调稀。

甜面酱：本身味咸，用油以小火炒过可去酱咸味。也可加水调稀，并添加少许糖调味，风味更佳。

番茄酱：可增加菜肴色泽，常用于糖醋、茄汁等菜肴。

醋：我国各地均有生产，以山西及镇江的产品最好。乌醋不宜久煮，于起锅前加入即可，以免香味散去；白醋略煮可使醋味较淡。

鲍鱼酱：采用天然鲍鱼精浓缩制造而成，适用于煎、煮、炒、炸、卤等烹调方法。

XO酱：采用数种较名贵的材料研制而成，主要包括瑶柱、虾米、金华火腿及辣椒等，味道鲜中带辣，适用于各种海鲜料理。

2. 固体味料

盐（低钠盐）：烹调时最重要的味料，有"百味之首"之说。

其渗透力强，适合腌制食物，但需注意腌制的时间与用量。

味精：可增添食物的鲜味，加入汤类共煮尤为适合。

糖：红烧及卤菜中加入少许糖，可增添菜肴风味及色泽。

面粉：分为高、中、低筋三种，制作面糊时以中筋为主；用于沾粉油炸时具有着色功能。

发粉：加入面糊中，可增加成品的膨胀感。

生粉：芡粉的一种，使用时先溶于水再勾芡，可使汤汁浓稠。用于油炸物的沾粉时可增加脆感；用于上浆时，可使食物保持滑嫩。

甘薯粉：常用于油炸物的沾粉，也可作为芡粉。

小苏打粉：即碳酸氢钠，常作为食品制作过程中的膨松剂，使用过多会使成品有碱味。以适量小苏打腌浸肉类，可使肉质较松软滑嫩。

豆豉：湿豆豉洗净后即可使用；干豆豉使用前先用水泡软，再切碎使用。

3. 辛香料

葱：常用于爆香、去腥。

姜：可增加菜肴风味，并有去腥、除臭的作用。

蒜头：常用于爆香料，并搭配菜色切片或切碎。

辣椒：可增加菜肴辣味，并使之色泽鲜艳。

花椒：也称川椒，常用来红烧及卤制食品。

花椒粉：花椒粒炒香后磨成的粉末。

花椒盐：用小中火将花椒粒与盐炒 1~2 分钟至花椒香气溢出，盛起待凉即可。常用于油盐食物沾食之用。

胡椒：味辛辣而芳香，可以去腥、起香、提鲜，并有除寒气、消积食的作用。白胡椒较温和，黑胡椒味则较重。

干辣椒：可解腻、去膻味。用油爆炒时，需将籽去除，注意火候，避免炒焦。

红葱头：可增香。切碎爆香时，应注意火候，以免因炒得过焦而产生苦味。

八角：又称大茴香，常用于红烧及卤制食品。香气极浓，应酌量使用。

五香粉：包含大茴香、桂皮、花椒、陈皮、丁香、甘香等香料，味浓，应酌量使用。

随着人们生活水平的大幅度提高，食用调味品市场呈现出新的格局，传统的调味品正经历着一场新的变革，新品种层出不穷且越卖越走俏，多样化、方便化、高档化、营养化、复合化已成为目前调味品市场发展的新趋向。

第三节 味的种类与调制方法

调味品的种类很多，通常称为调料或作料，是确定各种菜肴口味的主要原料，例如酸、甜、辣、咸及鱼香、麻辣、咖喱、家常等。根据味的组合、形成，又可分为基本味和复合味两种。

一、基本味

基本味就是单一的一种原味，任何复杂的口味都是由基本味组合而成，它分为咸、甜、酸、辣、苦、鲜、香等味。

1. 咸味　咸味是调味品中的主味。咸味在调味品中能起到调味的多方面作用，可解腻、提鲜、除腥、去膻，突出原料的鲜香味道。大部分菜肴的味道都以咸为主，然后配合其他味道。例如，烹制糖醋口味的菜肴是酸甜口味，但在烹制时也要放一些盐或酱油，若完全用糖醋烹制，反而不美味。一些甜点心在制作时，也要用一点盐，既解腻又好吃。盐和带盐分的酱、酱油及各种复制品均属咸味调味品。

2. 甜味　甜味按其用途仅次于咸味，是我国南方的主要调味品之一。甜味能提鲜、去腥、解腻，抑制菜肴的苦涩，增加菜肴的鲜味。各种糖类、蜂蜜及各种果酱等都是甜味调味品。

3. 酸味　酸味是很多菜肴在调味中必不可少的味道，能使菜肴香气四溢。在烹制各种水产品和脏品原料时，酸味更是必不可少。因为它具有较强的除腥腻能力，能促进食物中的钙分解。酸类调味品有醋类、番茄酱、山楂酱等，其中醋是我国山西一带的主要调味品。

4. 辣味　辣味具有强烈的刺激性和独特的芳香，不仅具有除腥、解腻的作用，而且能刺激胃液分泌，帮助消化和通窍，增进食欲。辣味调味品的种类很多，主要有辣椒、胡椒、葱、姜、蒜及芥末等，并分别表现出不同的辣味。

5. 苦味　在调味中，苦味是一种特殊的味道，对祛暑、解热、消除异味有奇效。苦味调味品大多是从一些中药材提出的，例如杏仁、陈皮、淮山药等。在烹制某些菜肴时，略加一些苦味调味品，可使菜肴具有一种特殊滋味。

6. 鲜味　鲜味能增加菜肴原料的鲜美，可使一些无味或味淡原料的滋味突出，对于烹制一些山珍海味的菜肴不可缺少。味精、虾子、蟹籽、鲜汤等是鲜味调味品的代表。

7. 香味　香味能增加菜肴的芳香，刺激食欲，解除腥腻。香味调味品种类最多，各种酒类、香菜、芝麻、芝麻油、麻酱、花生、桂花、玫瑰、花椒、桂皮、茴香、八角、砂仁、香精、各种香料及香糟等，表现其香味和香度的方式也不一样，有的可以尝到，有的可以闻到。

二、复合味

复合味是由两种以上的基本味调味品组合复制加工而成，常用的有：

1. 酸甜味　又称糖醋味，由糖、醋类调味品或水果类加工制成，例如糖酱汁、橘汁、番茄酱、山楂酱及各种水果酱等。

2. 甜咸味　以咸甜为主，尚有鲜香，由糖、盐类调味品加工制成，例如面酱。

3. 麻辣味　是一种极富刺激性的复合味，由辣椒、花椒等调味品加工制成，如麻辣油、郫县豆瓣酱等。

4. 辣咸味　由辣椒、花椒、盐等调味品加工制成，例如辣酱油、辣豆瓣酱等。

5. 香辣味　由咸、香、辣、酸、甜等一些带有芳香的调味品加工制成，例如咖喱油、咖喱粉、芥末糊等。

6. 鲜咸味　复合味中最基本的一种，由盐或一些海味品加工制成，例如豆豉、虾酱、虾油、蚝油、鱼露等。

三、常见复合味的调制与运用

众所周知，菜肴烹调的口味多种多样，用千变万化形容毫不为过，然而就单纯由调味品所配合组成的复合味而言，常用的有以下几种：

1. 鱼香味　鱼香味源于四川民间独具特色的烹鱼调味之法，因成菜后味似"鱼香"而得名，是四川菜的特殊风味之一，有醇厚而浓、香鲜可口的特点。

调味品：豆瓣酱、精盐、酱油、味精、白糖、醋、葱、姜、蒜。

调制方法：配制中，豆瓣酱决定菜肴的咸味和香辣，用量应根据菜肴的需要。酱油的作用是提鲜、增色，并补足咸味。精盐码味，用量恰当。葱、姜、蒜去除原料的异味，增加菜肴的香味，这是鱼香味的关键。加入豆瓣的香辣味和白糖、醋所组成的甜酸味，通过烹制突出其复合浓郁的鲜香味。适量的味精用以提鲜，此味烹调后应是：豆瓣酱使菜肴色红亮、味醇厚香辣，甜酸咸味呈荔枝味感，姜、葱、蒜突出香辣。

其烹调工艺是在锅内混合油烧至六成热时，将码好芡的原料投入，炒散后加入豆瓣炒香上色，加入姜、蒜炒出香味，原料断生时烹入由酱油、白糖、醋、葱、味精兑好的滋汁，收汁亮油起锅。

运用：鱼香味浓厚清爽，亦香亦鲜，四季皆宜，并可与多种复合味配合。

2. 糖醋味　糖醋味具有甜酸味浓、香鲜可口的特点，在菜肴的烹调中应用较广，很受人们喜爱。

调味品：精盐、酱油、白糖、味精、料酒、胡椒末、醋、葱、姜、蒜。

调制方法：配制中，精盐负责定味，酱油辅助精盐定味，并有提鲜、增香、增色的作用，两者的用量以组成的咸味恰当为准。在此基础上重用白糖与醋，以菜肴的甜酸味突出为宜。葱、姜、蒜、料酒有增香、提鲜、除异的作用，料酒还可渗透入味，用量均应满足菜肴的需要，以菜肴烹调后能略呈各自的香味为度。适量味精用以提鲜和味。

烹调中，先用精盐、料酒将原料码味后再码芡，放入油锅炸至外酥里嫩起锅入盘，把炸油滗去后加混合油，烧至六成热时加入姜、葱、蒜，稍炒香时烹入由酱油、精盐、白糖、味精、醋、料酒、胡椒末兑好的滋汁，收成二流芡，味正后起锅，淋在炸好的原料上。

运用：此味醇厚而清爽，有较强的和味除腻作用，四季皆可，以夏秋季应用尤宜。一般适用于炸、熘的菜肴，如糖醋脆皮鱼、糖醋里脊等菜肴。

3. 荔枝味　荔枝味，即呈荔枝味感，具有酸甜适口、鲜香微咸的特点。

调味品：精盐、酱油、白糖、味精、料酒、泡红辣椒、胡椒末、姜、葱、蒜。

调制方法：荔枝味和糖醋味的调味原料和调味方法基本相同，只在甜酸味的程度上有区别。糖醋味一入口就能明显地感到甜酸味，而咸味仅是糖醋味的基本味，口感微弱，只在回口时表现出来。荔枝味的特点是甜酸味和咸味并重，即在食用时同时表现出甜酸味和咸味。在程度的掌握上，荔枝味的甜酸味比糖醋味淡一些，咸味比糖醋味重一些，至于姜、葱、蒜、泡红辣椒的香味，则基本相同。以味感来说，糖醋味是先甜后酸的味觉过程，荔枝味的味觉过程则是先酸后甜。

运用：荔枝味清淡鲜美，四季均宜，能和味解腻，且不会出现背味现象，可与其他复合味配合。在实际运用中，可根据菜肴要求，适当调整甜酸味的程度，轻重灵活掌握，都属于荔枝味的范围。例如，荔枝腰块可轻些，锅巴肉片可重些。

4. 麻辣味　麻辣味色泽红亮，麻辣咸香，鲜味独到，浓厚不烈，主要用于麻婆豆腐类菜肴。

调味品：精盐、酱油、味精、豆豉、花椒末、辣椒末、蒜苗。

调制方法：配制中，精盐决定菜肴的基础咸味，酱油和豆豉辅助精盐定味。其中酱油和味、提鲜、增香，豆豉提鲜并增加菜肴的香鲜。精盐、酱油、豆豉三者组成的咸味，要满足菜肴的需要，以辣椒末、花椒末麻辣有味为度。辣椒末的用量以使菜肴色泽红亮、香辣味突出为好。花椒末可突出菜肴的香麻味，用量与辣椒末相适应。味精是连接咸与麻辣的桥梁，提鲜和味，用量以菜肴在食用时入口有感觉为度。蒜苗用量以菜肴成品能嗅出香味为佳，可增香并点缀风味。烹调后所组合的复合味，应咸香、麻辣、烫、鲜兼备。

烹调中先将豆豉剁成蓉状，辣椒末炒香上色，掺入鲜汤，放入原料烧沸入味，放入酱油、味精、蒜苗提味，收汁浓味，起锅时撒以花椒末即成。

运用：这种麻辣味性烈浓厚，麻辣香鲜，适应四季的酒饭佐味，与其他复合味配合均可。运用时，还可用牛肉或猪肉碎粒与好鲜汤提味。

5. 糊辣味　糊辣味，麻辣而不燥，咸鲜香醇厚，兼具荔枝味感。

调味品：精盐、酱油、料酒、味精、白糖、醋、干红辣椒段、花椒、葱末、姜末、蒜泥。

调制方法：配制中，精盐和酱油用于原料码芡时上味，使菜肴有一定的咸味基础。其中精盐定味，酱油提色增鲜并辅助精盐定味，两者的用量以菜肴色泽金黄、咸度适当为准。适量料酒用以除异、提鲜并渗透调味。干红辣椒段增加菜肴的香辣味和提色，用量以使辣而不燥为度。花椒的用量应与干红辣椒段的用量相适应，以增加菜肴的香麻味。白糖、醋决定菜肴在咸味基础上的甜酸味，并有和味提鲜的作用，用量以菜肴在食用时体现出像荔枝一样的酸甜味为好。葱、蒜、姜主要起增香除异的作用，用量以既不压菜肴的鲜味、辣味和花椒的香味，又能表现三者的香味为好，再以适量味精提鲜和味。

调制时，先将原料用适量精盐、酱油码味后再码芡，待炒锅中油烧至六成热时，投入干辣椒段与花椒，炸至棕红色时放入原料，炒至散子断生，放入姜葱蒜炒出香味，烹入用精盐、酱油、料酒、白糖、醋、葱末、姜末、蒜泥调好的滋汁，收汁亮油起锅即成。

运用：此味浓厚清淡兼具，风味独特，四季皆宜，并可与其他复合味配合，通常用于宫保鸡丁等类菜肴的调味。

6. （盐水）咸鲜味　咸鲜味具有咸鲜宜人、清香可口的特点。

调味品：精盐、味精。

调制方法：调配中应突出咸香，精盐与味精的用量都应满足菜肴的需要。其中，精盐用量应咸而不淡，既不能压原料鲜味，又要突出相适应的咸度；味精起辅助原料鲜味的作用，不能掩蔽原料的本鲜味，以菜肴入口有感觉为度。香油、料酒、花椒、胡椒末、葱、姜在烹调中起提鲜、增香、除异的作用，用量以不改变此味的清淡咸鲜为度。

烹调中，将洗净的原料（如鸡鸭）和葱（挽结）、姜（拍破）一起投入水中，出血及腥味时捞出，趁热抹上料酒、精盐，放入蒸盆，再加入花椒、胡椒末、鲜汤、葱、姜蒸至八成软熟，取出，用湿纱布盖着晾凉，砍条装盘。另将原汁加味精调匀，在食用时淋在原料上。

运用：此味在调制中不能沾染其他异味，一般用于鸡鸭等本味鲜美的原料。适宜做夏秋季的下酒菜肴，但不宜在冬季运用。

根据运用上的不同，咸鲜味在具体调味时还有白油咸鲜味和本味咸鲜味两种制法。

7. 咸甜味　咸甜味的特点是咸甜鲜香、醇厚爽口。

调味品：精盐、味精、冰糖、冰糖糖色、料酒、花椒、五香粉、胡椒末、葱、姜。

调制方法：配制中，精盐定味，用量以咸度恰当为准。冰糖起和味提鲜的作用，用量以菜肴在食用时入口带甜为好。糖色提色以银红色为度。不可太浓。花椒、五香粉、葱、姜除异增香，用量适度，若烹制清淡鲜美类菜肴，则用量宜小，以免压抑菜肴的鲜味。料酒在烧制菜肴中有除异味并渗透入味的重要作用，用量上应满足菜肴的需要。胡椒末和味精可提鲜味、除异味，用量均以菜肴在食用时有此味感为准。

烹调时，先将原料入锅，烧沸时撇尽浮沫，第一次放入精盐及糖色、料酒、花椒、五香粉、葱、姜，用量以微带咸味为度。烧至即将成熟时加入冰糖并第二次放入精盐，用量以咸甜味为准，收汁浓味，即将起锅时将葱、姜余渣拣出，放入味精、胡椒末即成。

运用：此味清淡醇厚，四季皆宜。一般用于烧菜类调味，烹制前通常应先将原料进行焯水。

8. **咖喱味** 咖喱味有咖喱的特殊香味，特点是咸鲜辛辣。

调味品：精盐、料酒、味精、咖喱粉、胡椒粉、葱花、姜末、蒜末。

调制方法：配制中，精盐定味，味精主鲜，二者结合形成醇厚的咸鲜味。在此基础上，突出咖喱粉的香味。料酒、胡椒粉、葱花、姜末的用量以不影响咖喱味为准，起除异、提鲜、渗透入味的作用，并辅助咖喱增香，使其有多种反复的香味。烹调后应呈现出"色泽黄亮，咸鲜醇厚，有咖喱特殊的辛辣鲜香味"的效果。

烹调时，先将原料用精盐、料酒码味，再与蛋清豆粉上浆。待锅内油烧至三成热时，放入原料，熘散至断生捞出，锅内留适量油，放入咖喱粉与葱花、姜末、蒜末，炒出香味时再放入原料，炒匀后烹入用精盐、料酒、味精、胡椒粉与湿淀粉调好的芡汁，收汁亮油，簸匀装盘。

也可先将咖喱粉在锅内用油炒香，放入葱花、姜末、蒜末，炒出香味后将半成品原料放入并炒匀，加入鲜汤、精盐、料酒、胡椒粉烧沸入味至熟，用湿淀粉勾芡，加入味精，推匀装盘。

运用：此味咸鲜醇厚，微辣鲜香，咖喱味浓郁，四季皆宜，并可与其他复合味配合，适用于炒、熘、烧、烩等烹调方法，常用于土豆、家禽、猪肉、猪肚、牛肉等原料的调味。

9. **家常味** 家常味具有色泽红亮、咸鲜味辣、鲜味醇厚的特点。

调味品：郫县豆瓣酱、精盐、酱油、豆豉、蒜苗。

调制方法：配制中，精盐增香、渗透味，使菜肴原料在开始烹调时，有一定的基础味，宜减小用量。郫县豆瓣酱定味并具香辣，在咸度允许的幅度内，用量上尽量提高其咸辣浓度和醇香度，以突出家常味的风味。酱油辅助豆瓣定味，并和味提鲜。豆豉的作用是增加香味，用量应恰当。蒜苗起增香配色的作用，用量以成菜后蒜苗香味突出为好，点缀家常的风味。

烹调时，将油在炒锅内烧至六成热，放入原料炒散，加入微量精盐，炒干水分至亮油，加入豆瓣、豆豉，炒香上色后放入蒜苗，待香味炒出后加入适量酱油，推匀起锅。

运用：此味浓厚醇正，咸鲜香辣，四季皆宜，适宜与其他复合味（豆瓣味外除外）配合。一般用于川菜生爆盐煎肉的调味。

10. 豆瓣味　豆瓣味的特点是咸鲜香辣、微带酸甜、醇厚不燥。

调味品：郫县豆瓣酱、酱油、精盐、白糖、味精、料酒、醋、葱、姜、蒜。

调制方法：配制中，在不压菜肴鲜味的前提下，豆瓣的用量宜大。精盐辅助豆瓣决定咸味。酱油和味提鲜，用量宜小。白糖与醋的用量以菜肴在食用时甜酸味恰当为度。料酒具有渗透入味并除异味的作用，用量应满足菜肴的需要。葱、姜、蒜增香除异味，用量宜大。此味烹调后的最佳调味效果为"豆瓣味醇厚、甜酸味鲜美，葱、姜、蒜香味适度的复合味"。

烹调时，精盐用于码味，豆瓣剁细炒香至油呈红色，加入葱、姜、蒜，待炒出香味时掺入鲜汤，再加入酱油、白糖、料酒、醋，原料经清炸后或直接放入，烧沸入味至熟，盛于盘内，收汁浓味后，再放入醋、味精、葱花，味正后淋于原料上即成。

运用：此味四季皆宜，具有"滋味醇厚、鲜味浓却不压原料本来鲜味"的特点，一般用于鱼类，例如豆瓣鲜鱼等菜肴。

11. 酸辣味　酸辣味具有刺激食欲、解腻醒酒、和味提鲜的作用，以酸辣清爽、鲜美可口的特点而深受人们喜爱。

调味品：精盐、酱油、味精、料酒、醋、猪油、香油、胡椒末、姜、葱。

调制方法：配制中，精盐负责定味，酱油负责提鲜，两者组成的咸味应比一般菜肴稍高。醋的用量以菜肴在食用时酸味适中为宜，作用是提鲜、除异、解腻。胡椒末提鲜辣，以香鲜辣味为宜。适量料酒用以除异提鲜。姜、葱辅助胡椒末的清香味，增香除异，用量以香味不压胡椒末为宜。猪油、香油滋润菜肴，提鲜香味。味精有提鲜和味的作用，但对醋的酸味有压抑作用，使用应适量。烹调后的风味应是"咸鲜酸辣突出，清香醇正可口"。

烹调中，猪油在炒锅内烧至五成热，放入肉粒炒至酥香，待其他原料炒匀后，掺入鲜汤，加入精盐、料酒、胡椒末、姜烧沸出味，用湿淀粉勾薄芡，放入酱油、醋、味精、葱，味正后用碗盛装，再淋适量香油即成。

运用·酸辣味清香醇正，风味颇佳，与其他复合味均可配合。

12. 甜味　甜的复合味不是指某一种甜味，而是多种甜味类型的总称，是冷热菜肴属甜香味的复合味。一般以冰糖和白糖作为甜味剂，用于纯甜味菜肴，红糖应用较少。

甜味除单纯甜味外，还有玫瑰、橘红、桂花等各种蜜饯的甜香味，以及各种鲜水果、各种鲜水果汁、各种干果仁的甜香味等。

为突出风味，配制甜味时不能将特殊芳香气味的原料掺和使用。例如，苹果与柠檬不能同用，桂花与香蕉不能同用，玫瑰与橘红不能同用，等等。另外，甜味的甜度也应适宜，不要令人感到发腻或背味。

冷、热菜肴有各种各样的复合味，烹调中要对每一种复合味认真研究，根据复合味的要求，有机复合，准确调味，突出风味特点。不能滥用调料，以免产生调料配合上的互相抵消，互相压抑。

第八章

原料的初步熟处理

第一节 初步熟处理的作用

在正式烹调之前，一般需要对菜肴的原料进行初步熟处理。所谓"初步熟处理"，就是把初步加工后的原料，按照菜肴的需要在油或水、蒸汽中进行初步加热，使其成为半熟或刚熟状态的半成品，是正式烹调前的一项重要准备工作。为了使菜肴更好地满足人们对健康的要求，在原料熟处理过程中应该注意营养、卫生、美感三者的有机统一。初步熟处理的作用有以下几点：

1. 消除或杀死食物中的病菌、毒素　加热可以使细菌中的蛋白质变性，让其失活而被杀死，因此加热的过程就是对原料进行消毒杀菌的过程。

2. 促进食物被人体消化吸收　加热可以分解食物，使人体易于吸收，如动物原料中胶原蛋白的水解。同时可以转化有碍消化吸收或有毒的不利物质，如生大豆中所含的抗胰蛋白酶。因此，加热不仅可以有效地利用食物的营养特性，而且能够帮助人体消化食物的营养成分。

3. 增进菜肴的美感　视觉感受（色和形）是菜肴成品的第一印象，一份色、形俱佳的菜肴能从心理上增强食客的食欲。在热菜制作中，加热会对原料的色、形产生重要影响。例如，绿叶蔬菜经适度加热后会变得更加碧绿，这是由于加热排去了细胞中的空气，使细胞透明，叶绿素呈现得更加明显。

4. 促进味的融合，增进菜肴的风味 菜肴各种滋味的形成主要来自三个方面：原料自身的美味、辅料与主料的味融合、调味料的赋香。在原料初步熟处理的加热过程中，主、辅料之间呈味物质加快了相互扩散、渗透的速度，造成了几种原料之间的味融合。同时，各种原料自身的香味经化学反应后又有新的呈味物质形成，例如制作烤鸭时所发生的羰氨反应。调味料与主料的结合同样也能进行味的融合与渗透，产生气味芳香的酯类，例如料酒与原料中的脂肪酸发生的酯化反应。

5. 缩短烹调过程 一份菜肴往往不会只有一种原料，初步熟处理可以调整多种原料成熟的时间一致，缩短原料正式烹调的过程。

总之，烹饪原料经过初步熟处理后开始发生质的变化，色泽更加鲜艳，并除去部分腥、膻、臊、涩等异味，达到原料在正式烹调前所需要的质感和成熟度。

第二节 初步熟处理的方法

初步熟处理与菜肴的质量密切相关，是烹调过程中必不可少的基础工作之一。在工艺操作技术上，初步熟处理的方法主要有焯水、水煮、走红、过油、汽蒸五种。

一、焯水

焯水，又称为飞水、出水、水锅、氽烫等，就是把经过初加工的原料，放入沸水锅中略加热成半熟或刚熟的半成品，以方便进一步切配成形或烹调菜肴。焯水的用途非常广泛，大部分蔬菜及一些有血污或有腥、膻、臊异味的肉料原料，都可以通过焯水进行初步熟处理。

焯水的作用主要有以下几点：

第一，可使蔬菜色泽鲜艳，味美鲜嫩。蔬菜类原料含有较高的叶绿素，焯水可使其颜色碧绿鲜艳。对于笋、萝卜、红豆、苦瓜、四季豆等蔬菜原料，焯水可以将其部分不正常的味道去除，如涩味、土腥味、辣味或过重的苦味，同时保证这些原料成菜的质感。另外，一些原料在生料时去皮比较困难，如土豆、山药、西红柿、板栗等，焯水后去皮就变得容易许多。

第二，可使禽肉、畜肉原料中的血污排出，并能去除猪、牛、羊肉及内脏的腥、膻、臊、臭等异味。同时，一些肉类原料经初步熟处理后，更便于切配加工。

第三，可以调整不同性质原料的加热时间，使其正式烹调时成熟时间趋于一致，并缩短正式烹调的时间。由于性质不同，各种烹饪原料加热成熟所用的时间也不相同，有些原料可以很快加热至熟，有些原料则需较长时间才能加热至熟。例如，莴笋、白萝卜、胡萝卜同是蔬菜原料，但其成熟速度不一致，其中胡萝卜最易软熟，白萝卜其次，莴笋的软熟最慢。假如把成熟时间不同的原料放在一起加热，必然导致这一部分原料达到成熟度，而另一部分原料却只是半熟或已超过成熟度，失去了鲜美滋味。通过焯水，可以调剂好各原料的成熟程度，使其正式烹调时的成熟时间相同。同时，经过焯水的原料，可变为半熟或刚熟、熟透的状态，成为符合烹调菜肴所需的成熟程度，因而可以大大缩短正式烹调的时间。

焯水的方法主要有冷水锅和沸水锅两种。冷水锅的操作方法是先将原料表面的血污和杂质洗净除去，再放入冷水锅，掌握焯水原则，按原料分类操作，注入清水淹没原料，用旺火或中火加热，翻动原料使各部分受热均匀，控制加热时间，注意刚沸时撇尽浮沫，捞出原料，用清水或温水洗涤干净备用；沸水锅是先将锅中的水加热至滚沸，再放入原料，加热至一定程度捞出备用。

1. 冷水锅的适用范围和操作要领　冷水锅适用于牛肉、羊肉、大肠、肚、心脏等腥、膻、臊等异味较重、血污较多的原料。如果这些原料在水沸后下锅，那么表面蛋白质会因骤然受高温而立即凝固收缩，内部的血污和异味则很难排出。因此必须冷水下锅，使其血污和异味随着逐步加热的过程而慢慢渗出，不致使原料发艮或散碎。同时应根据原料性质、切配和烹调的要求，及时取出原料，防止过熟现象。

2. 沸水锅的适用范围和操作要领　沸水锅适用于腥、膻、臊异味较小的肉类原料（如鸡、鸭、蹄髈、方肉等）和需要保持色泽鲜艳、味美鲜嫩的蔬菜原料（如菠菜、莴笋、绿豆芽等）。操作要领主要有以下几点：

第一，蔬菜类的原料焯水时，必须做到沸水下料，水量要宽，火要旺，焯水时间要短，才能保持蔬菜原料的色泽、质感和鲜味。原因是蔬菜中含有维生素和无机盐类，既不耐高温，又怕氧化，且易溶解于水，焯水会造成局部营养素的损失。捞出后迅速用冷水冲凉或透凉，直至完全冷却为止。

第二，鸡、鸭、方肉、蹄髈等肉类原料，在焯水前必须洗净。为避免原料的鲜味损失，入沸水焯一下便可捞出，不能过久焯水。

第三，各种原料均有大小、粗细、厚薄之分，有老嫩、软硬之别。为使熟处理后的原料符合烹调的需要，应根据各种原料的不同性质，恰当地掌握焯水的时间。例如，体积厚大、质老硬的原料焯水时间可长一些；体积细小、薄嫩的原料焯水时间应短一些。

第四，菠菜、韭菜、牛肉、羊肉、肠肚等原料有特殊气味，为避免各原料之间扩散、吸附和渗透其异味，必须分开焯水，否则会严重影响原料的口味和质地。同时，为避免浅色的原料因受深色原料的颜色污染而影响美观，深色的原料与浅色的原料应分开焯水。

在焯水的加热过程中，原料要发生各种化学和物理变化。其中，有很多变化是有益的。例如，菠菜、笋类进行焯水，可将对人体有害的草酸溶解在水中；萝卜中所含的淀粉在受热时被分解为葡萄糖，可以增加萝卜的甜味。

此外，原料在焯水过程中难免会损失部分营养元素。例如鸡、鸭、肉等原料含有较多的蛋白质和脂肪，沸水会造成蛋白质及脂肪被分解，散失在汤中。所以，这类汤汁不可弃去，可去掉浮沫，作为制汤之用。因此，在焯水过程中应趋利除弊，将营养素的损失控制在最小范围内。

二、水煮

水煮就是将整只或大块的动物性原料经过焯水或直接投入温水锅中，煮至所需的成熟程度。水煮在凉拌菜肴中用途广泛，按照烹调制作的需要，煮成不同的成熟程度，加上调味汁后就可直接食用了。尤其是动物性的凉拌菜肴的原料，都要求是水煮成熟的半成品原料。在热菜的烹调中，也有不少的菜肴原料需先经水煮然后烹制的，如回锅肉、姜汁热窝鸡、回锅肘子、芙蓉杂烩、鸡肘心汤等。

1. 水煮的方法 需要水煮的原料，一般都应先经焯水后再煮制，新鲜又基本无异味的原料，也可洗涤干净后直接煮熟，如新鲜的鸡肉、猪肉等。在水煮过程中，牛、羊、鸡、鸭、兔肉及内脏等原料应该加入适量的葱姜或香料，以进一步除去腥膻臊等异味，增加鲜香味。

水煮程度应根据原料的性质和烹饪需要而定。例如，牛肉、猪肚、肘子等原料应煮至软熟；鸡、兔、心、肝等原料应煮至刚熟；鸭、肫、猪舌等原料应煮至熟透；而制作蒜泥白肉的猪腿肉需煮至断生，经刀工处理后再入鲜汤内烫熟，使其火候恰到好处。

2. 水煮的操作要领

第一，无论是经过焯水，还是直接入锅水煮的原料，都应在水煮前清洗干净。

第二，掌握好水量，通常控制在刚好淹没原料为好。为避免因受热不均匀而影响原料的水煮质量，水量应一次加足，不要中途加凉水。

第三，为保持原料的鲜香和滋润度，应控制好火力的大小，保持汤面微沸不腾即可。

第四，根据原料老嫩，掌握好成熟程度。同一原料也有老嫩之分，水煮的时间因老嫩程度的不同而不同。应根据原料老嫩和烹饪需要，适时、有区别地从汤面沸腾处捞出原料。

第五，鸡、鸭、兔、猪肉、猪肚等原料捞出后，还可以用原汤浸泡一下，以保持原料皮面滋润有光泽，颜色美观。

为避免原料沾染异味和其他异色，水煮的原料应按类别分别煮制。例如，膻臊味重的牛肉不能与鸡肉同锅煮制，否则会影响鸡肉的鲜香味。即便是同类原料，也应分别煮制，才能更好地保证煮制后原料的质量，如同为猪类原料的猪肉、猪肝、猪肚和心舌等。同时，应一次性水煮的原料，要一次性同时放入，以保持原料的鲜香味和色泽，不能边煮边捞又边下料。

在水煮过程中，由于蛋白质的水解、脂肪溶化以及无机盐、维生素的溶解等原因，汤汁中含有大量营养素，因此煮后的汤汁要很好地加以利用。

三、走红

走红，又称酱锅或红锅，就是将经过焯水或过油的原料投入某些含有色调味品的锅中，使其上色和入味的熟处理方法。

走红的作用主要有以下几点：

第一，增加原料的色泽和香味。走红能使各种家禽、猪肉、蛋品等原料带上浅黄、金黄、橙红、金红等颜色，以满足菜肴烹调的需要。同时，原料走红的过程中，不是在调味卤汁中加热，就是在油锅内炸制，在调料和油温的作用下，使原料的异味除去，又增加了香鲜味。

第二，使原料定型。走红决定了成菜形态的关键，对于一些整形或大块原料，走红的加热过程基本决定了其成菜后的形状；而一些走红后还需要切配的原料，也应该注意其走红时的规格。

1. 卤汁走红　卤汁走红是在锅中放入经过焯水或走油后的原料，加入鲜汤、香料、料酒、糖色等，用小火加热至原料达到菜肴所需要的颜色，一般适用于鸡、鸭、鹅、猪肉、蹄肘等原料的上色，用以制作烧蒸、卤类烹调方法的菜肴。例如，芝麻肘子、红烧狮子头、灯笼鸡等菜肴，就是经焯水或走油后的原料在有色的卤汁内浇上色，然后装碗加原汁上笼，蒸至软熟成菜。

卤汁走红应掌握卤汁颜色的深浅，原料走红后的色彩要符合菜肴的需要。走红时，先用旺火烧沸，再改用小火继续加热，使调味和颜色缓缓地渗入原料，同时避免因沸腾而造成香鲜味的损失。为避免原料粘锅，可用一些鸡骨垫底，有增加香鲜味的作用。走红的原汁也可以酌情加入原料盛器内。

2. 过油走红　过油走红是在经过焯水后的原料表面上涂抹料酒或饴糖、酱油、面酱等，再放入油锅经油炸上色，一般适用于鸡、鸭、猪肉等原料的上色，用以制作蒸、卤类烹调方法的菜肴。例如甜烧白、咸烧白等菜肴的坯料，就是先将猪的保肋肉（带皮）刮洗干净，入水锅煮至断生，捞出揩干水分，涂抹上饴糖或酱油、料酒后放入油锅，炸至皮呈橙红色。

过油走红过程中，涂抹在原料表面的料酒、饴糖等调味品，其中含有的糖分在高温的作用下，发生焦糖化呈色结果，所以能够起上色的作用。过油走红前，糖分的含量必须调节适宜，并涂抹均匀，这样走红后的原料颜色才会鲜艳一致，否则会呈黑色或深浅不一，影响成菜效果。油温应控制在五至六成的热油锅内，使原料上色均匀，酥松肉皮的效果好，符合菜肴烹调的需要。

由于走红过程基本决定菜肴成菜后的形态，因此走红前往往需要将猪肘、方肉的形状修整规格化，将鸡、鸭、鹅整好形状，待原料走红时保持原料形态完整，以保证菜肴质量。同时，为避免原料因走红过分熟化而影响烹调中鲜香味的发挥，要尽可能在上好原料颜色的前提下，结束走红迅速转入烹调。

四、过油

过油又称为油锅，是以油为传热介质，将已加工成形的原料放入油锅内，加热至熟或炸制成半成品的熟处理方法。过油对菜肴的质量影响很大，如果原料在过油时没有掌握好火力、油温、加热时间等因素，就会造成原料或老、或焦、或生、或达不到酥脆的要求。因此，过油在烹调工作中是一项普遍却重要的操作技术。

过油的作用主要有以下几点：

第一，保持或增加原料的鲜艳色泽，保证原料形整不烂。原料在不同的辅料和不同的油温加热的作用下，能起到不同的呈色效果。例如油炸脆皮鱼，鱼与湿豆粉粘牢后入油锅炸制成初坯，其色泽呈浅金黄色；又例如油滑虾仁，虾仁与蛋清、豆粉拌后入锅用油滑散，其色泽会更加洁白如玉。而且经过油炸制的原料表面会因高油温而凝结成一层硬膜，既可以阻隔内部的水分溢出、鲜香味外逸，又能够巩固原料形态的完整，避免原料在烹制中发生碎烂。

第二，使原料成菜后有滑嫩、酥脆或外焦里嫩的质感，丰富菜肴的风味。原料在过油前拌上不同性质的糊浆，经过不同的油温加热，就可以获得不同质感的半成品。同时各种油脂均具有独特的香味，能使原料除去异味，增添鲜香美味。

根据油量的多少、油温的高低和原料过油后的不同质感，过油可以分为滑油和走油两种方法。

1. **滑油法**　滑油又称为划油、拉油，是指用中油量、温油锅，将原料滑散成半成品的一种熟处理方法。滑油的适用范围较广，鸡、鸭、鱼、虾、猪肉、牛肉、羊肉、兔肉等原料都可用于滑油，原料一般是丝、丁、片、条、粒、块等规格，主要用于烧、烩、煮等烹调方法制作的菜肴，例如水煮鱼片、山菌烧鸡、鱿鱼烩肉丝等。滑油前，应对多数原料进行上浆，以使原料不直接同油接触，尽量避免水分溢出，保持香鲜、细嫩、柔软的质感。操作要领主要有以下几点：

第一，油锅要洗净炙好，油脂要干净、炼熟，以免影响原料的色泽和香味，并可防止粘锅现象的发生。菜肴需要色白的原料，滑油时必须用猪化油或浅色的油，以保持洁白。

第二，滑油的油量适中，一般为原料的4~5倍，油温应掌握在三四成热的幅度内。过高、过低的油温都会影响原料滑嫩的效果，假如油温超过五成热，就会使原料粘在一起，并使原料表面发硬变老，失去了制品的特点；而两成热以下的油温，则使原料上的浆汁脱落，导致原料变老，失去浆的意义。

第三，上浆的原料应分散下锅，不上浆的原料应抖散入锅。原料上浆后，表面有一层带有黏性的浆状物，如果一起下锅，很容易发生粘连，影响菜肴的质、色、味、形，因此应分散下锅，并及时恰当地将原料轻轻拨开滑散，避免粘连。

2. **走油法**　走油又称为跑油、过油、油炸等，是指用大油量、热油锅，将原料炸成半制成品的一种熟处理方法。一般适用于鸡、鸭、鱼、猪肉、牛肉、羊肉、兔肉及蛋品、豆制品等原料，主要用于烧、炖、焖、煨、蒸等烹调方法制作的菜肴，例如家常豆腐、豆瓣鲜鱼以及酥肉、丸子等。

走油前，原料通常都经过挂糊。走油时，较高的油温能迅速地蒸发原料表面或内部的水分，使原料达到定型、色美、酥脆或外酥内嫩的效果，以符合烹制的要求。走油的操作要领是：

第一，走油时锅内的油量要淹没原料，使原料可以自由滚动、均匀受热，并且要在热油温时分散投入原料，火力要适当，火候要一致，防止外焦而内不熟。因此，必须用多油量的热油锅。

第二，有皮的原料在下锅时应当皮朝下。假如皮向上，因为肉皮组织紧密，韧性较强，不易炸透。所以将肉皮朝下，使其多受热易炸透，达到油炸后松酥泛泡的要求。

第三，需要酥脆的原料，要用温油锅浸炸。葱酥鱼、麻辣酥鱼等菜肴的原料要求内外酥脆，应先将原料放入中火热油锅炸一下，再改中小火温油锅继续炸制酥脆。

第四，需要外酥里嫩的原料，过油时应该重油。重油又称复炸，就是重复油炸。如果经过挂糊的原料要求表面酥脆、里面稚嫩，应先将原料放入旺火热油锅炸一下，再改用中火温油锅继续炸制，让原料在温油锅中渐渐内外熟透捞出，又放入旺火油锅内炸一下捞出。

第五，注意锅中的油爆声，油爆声微小时应将原料推动、翻身。当原料放入热油锅时，由于表面水分在高温下迅速蒸发，因而有油爆声发出。当原料表面的水分基本蒸发时，油爆声便会转弱，此时应将原料推动、翻身，使其受热均匀，防止相互粘连、粘锅或炸焦。

无论采用哪种过油法，操作人员必须注意安全，防止热油飞溅。尤其是原料刚放入油锅时，原料表面的水分因骤然受热、汽化而迅速逸出，往往引起热油四处飞溅，非常容易造成烫伤事故。除了防止原料水分过多外，还应尽量缩短原料下锅时与油面的距离。

五、汽蒸

汽蒸又称蒸锅、汽锅，是以蒸汽为传热介质，将已加工整理的原料放入蒸笼，采用不同火力蒸制成半成品的熟处理方法。汽蒸是在封闭状态下加热，有较高的技术性，是烹调上颇有特色的加热方式。为保证汽蒸后的半成品原料符合烹制菜肴的要求，必须掌握好原料的性质、蒸制后的质感、火力的大小和蒸制时间的长短等方面的技术。汽蒸的作用主要有以下两点：

第一，可以保持原料形整不烂、酥软滋润。原料经整理加工后入笼，在封闭状态下加热，不易翻动，至成熟始终保持其原形。原料成熟的时间因火力不同、加热时间不同而不同。

第二，能够有效地保持原料的营养素，使菜肴成品原料保持原味。蒸笼中温度适宜、湿度饱和，汽蒸原料的营养素基本不会受高温破坏或分解流失，可使原料达到最佳的呈味效果，并缩短正式烹调的时间。

按照原料的性质和蒸制后质感的不同，汽蒸主要分为两种方法：

1. 旺火沸水长时间蒸制法 指用旺火加热至水沸腾，经较长时间的蒸制，将原料蒸制成软熟的半成品。此法要求火力旺、水量够、蒸气足，才能保证蒸制的半成品原料的质量，主要适用于体积较大、韧性较强、不易熟烂的原料，例如香酥鸭、八宝鸡、炸扳指、软炸酥方、姜汁肘子等菜肴半成品的熟处理以及鱼翅、干贝、海参、蹄筋、银耳、鱼骨等干货原料的涨发。

蒸制时间的长短，应根据原料质地的老嫩、软硬程度、形体大小及菜肴需要的成熟程度而定。

2. 中火沸水徐缓蒸制法 指旺火加热至水沸腾后，改用中火慢慢地将原料蒸制成鲜嫩细软的半成品。此法要求火力适当、水量足够、蒸汽冲力不大，主要适用于新鲜度高、细嫩易熟、不耐高温的初加工后的半成品原料，例如芙蓉嫩蛋、五彩凤衣、绣球鱼翅等菜肴的熟处理以及蛋糕、肉糕、鸡糕、虾糕等半成品原料的蒸制。

汽蒸除要考虑原料的新鲜度、性质、类别、形状和蒸制后的质感等方面的因素外，最关键的是要掌握好火候的调节，否则，达不到汽蒸的效果。如果蒸制时火力过大、蒸汽的冲力过猛，就会导致原料质老、色变、味败，起蜂窝眼，还会将有图案的工艺菜的形态冲乱。假如发现蒸汽过足，可减小火力以降低笼内的温度和气压，也可将笼盖露出一条缝隙放汽。同时要掌握好蒸制的时间，以使半成品原料符合菜肴质感细嫩酥软的特点。另外，不同的原料、半成品，其所表现出的色、香、味也不相同，因此多种原料同时汽蒸时要以最佳方案放置，防止相互串味、污染颜色。

一些原料在进行汽蒸以前，还需要进行过油、走红、焯水等其他方式的熟处理，均应按其熟处理原则，保证加工质量。只有各种熟处理方式互相配合，才能做好原料的熟处理工作。

第九章

烹调方法和时尚菜例

第一节 冷菜的烹调方法

　　冷菜，又称冷荤、冷盘、冷拼等。之所以叫冷荤，是因为饮食行业多用鸡、鸭、鱼、肉、虾以及内脏等荤料制作；之所以叫冷盘、冷拼等，是指冷菜制好后，要经过冷却、装盘（如双拼、三拼、什锦拼盘、平面什锦拼盘、高装冷盘、花式冷盘等）方可上席。冷菜具有用料广泛、菜品丰富、味型多样、色泽鲜艳、造型美观等特点，在宴席和便餐中都占有极其重要的地位。

一、拌

　　拌，是制作凉菜的一种方法，是把生的原料或晾凉的原料，切制成小型的丁、丝、条、片等形状后，加入各种调味品调拌均匀的做法。拌制菜肴具有原料易取、制作简单、清爽酸脆、味美诱人的特点。无论是家宴便餐、亲朋聚会，还是饭店酒楼的高档宴席，拌菜都是不可缺少的。

　　1. 拌的方法

　　生拌：将可食的生料洗净、消毒、改刀，与调味料拌和入味。此法适宜西红柿、黄瓜、青笋、生菜、香菜、韭菜、青椒、莲花白、胡萝卜、白萝卜等原料。

　　熟拌：将煮熟的原料改刀成所需形状，加入各种调味品，调拌均匀即可。此法适于肉类原料和一些蔬菜原料，例如拌肚丝、拌三鲜、拌腰片等菜肴。

生熟混拌：将生、熟原料分别切制成各种形状，然后根据原料性质和色泽在盘中排放好，食用时浇上调味汁拌匀，例如鸡丝黄瓜、蒜泥白肉等菜肴。

2. 拌的操作要领

（1）选料精细，刀工美观　尽量选用质地优良、新鲜细嫩的原料，并洗涤干净。切制时生熟分开，还可以用醋、酒、蒜等调料杀菌，以保证食用安全。拌菜的原料切制要求都是细、小、薄的，这样可以扩大原料与调味品接触的面积。因此，原料的长短、薄厚、粗细、大小要一致，有的原料剞上花刀，这样更能入味。

（2）掌握好火候　有些凉拌蔬菜须用开水焯熟，应注意掌握好火候，原料的成熟度要恰到好处，要保持脆嫩的质地和碧绿生青的色泽；老韧的原料，则应煮熟烂之后再拌。

（3）注意调色，以料助香　拌凉菜的原料和菜色不能过于单一，且应香气充足。例如在黄瓜丝拌海蜇中，加点海米，使绿、黄、红三色相间，提色增香。拌菜一般总少不了香油、麻酱、香菜、葱油之类的调料，以增加菜肴的香味。如果成品颜色强调清爽淡雅，还应慎用深色调味品。

（4）合理调味　拌菜时使用到的调味要符合菜肴的口味和特色，下料后要注意调拌均匀，调好之后，不能有剩余的调味料沉积于盛器的底部。例如口味为酸甜的糖拌西红柿，只宜用糖调味，而不宜加盐和醋。另外，调味要以清淡为本。

二、炝

炝的方法是先把原料切成丝、片、块、条等，用沸水稍烫一下，或用油稍滑一下，然后控干水分或沥干油，加入各种调味品，拌匀，淋上热花椒油使调料趁热渗入原料的一种方法。炝制菜肴具有鲜醇入味的特点。

1. 焯炝　焯炝是先用沸水将主料焯一下，然后沥干水分，在冷水中投凉后沥干，加入调味品，淋上花椒油。焯炝的菜品以脆性原料为主，例如炝扁豆、炝腰花等。

2. 滑炝　滑炝是将经过上浆处理的原料放入油锅内，滑熟滑透，取出控油，再用热水冲洗掉油分，加调料拌，例如炝冬笋、炝鸡片等菜肴。

拌、炝的要求和关键是脆嫩清爽、香气浓郁。因此，在凉菜制作过程中，为了保证脆嫩清爽，必须认真对待选料和加工处理。生料拌、炝一定要选择新鲜的脆嫩原料，这是保证生拌的前提条件；熟料拌、炝，无论何种加热处理都要以保证脆嫩为出发点。

同时，要运用各种增加香味的手段，使成品菜肴不仅散发出扑鼻香味，而且入口后越嚼越香，这是拌、炝菜以及所有凉菜的共同特点。在拌与炝的制法中，一方面是在拌炝中使用香气浓郁的调料，例如调汁，有的要用花椒、葱之类的香料，有的要以蒜泥、麻酱、芥末等拌和，有的要用姜丝、姜末和醋来增香，有的用花椒油，有的淋香油等，以增强菜肴香味；另一方面拌、炝的熟料，在制作时要使香味渗入原料内部，从而获得内外俱香、香气四溢的效果。

拌与炝的区别主要有两点：一是拌菜多用凉拌，炝菜多用热拌；二是拌菜多用酱油、醋、香油等调料拌制，炝菜多用花椒油、葱、姜、蒜等调料。但两者有一共同特点，就是在制作的最后步骤，均只调味而不加热。

三、腌

腌是将原料浸入调味汁中，或与调味品拌匀，以排出原料内部水分，使调味汁渗透入味成菜的一种冷菜制作方法。腌制的菜肴具有色泽鲜艳、鲜嫩清香、醇厚浓郁的特点。

腌主要是用食盐、酱油、绍酒、糟等调味品，将加工的原料腌制入味，其中盐是最主要的，任何腌法也少不了它。调味不同，风味也就各异。根据腌制原理和调味汁的不同，腌制可分为盐腌、酱腌、醉腌、糟腌、醋腌、糖醋腌等几种不同方法。

1. 盐腌　盐腌是最常用的腌制方法，也是各种腌制方法的基础工序，就是将原料用食盐擦抹或放于盐水中浸渍的腌制方法。盐腌的原料水分渗出，盐分渗入，能保持清鲜脆嫩。蔬菜类原料是直接与调味品调制的味汁腌制成菜，例如盐腌黄瓜、酸辣白菜等菜肴。动物性原料腌制一般在煮、蒸之后加盐，例如盐水鸡、盐水兔等。这类原料在蒸、煮时一般以断生为好，腌制的时间短于生料。盐腌原料的盛器往往选用陶器，腌时要盖严盖子，以防止污染。如果是大批制作，腌制过程中应注意上下翻动 1~2 次，以使咸味均匀渗入原料。

2. 酱腌　酱腌是将原料用酱油、黄酱等浸渍的腌制方法，其原理和方法与盐腌大同小异，区别只是腌制的主要调料不同。酱腌多采用新鲜的蔬菜，例如酱菜头等菜肴。

3. 醉腌　醉腌是以精盐和绍酒（或优质白酒）为主要调味品的一类腌制方法，醉腌菜肴具有色泽金黄、醇香细嫩的特点。根据用料的不同，醉腌可分为红醉（用酱油）、白醉（用盐）；而根据原料加工过程的不同，又可分为生醉（用活的原料直接腌制）、熟醉（用经加工的半成品腌制）。醉腌多用蟹、虾等活的动物性原料（也有用鸡、鸭的）。原料在醉制前必须洗涤干净，虾、蟹等活的原料最好能在清水中静养几天，使其吐尽污物。腌制时，通过酒浸将蟹、虾醉死，腌后不再加热，即可食用。醉制时间应根据原料而定，一般生料长些，熟料短些。长时间腌制的，卤汁（通常是先调好）中咸味调料不宜太浓，短时间腌制的则不能太淡。另外，如果用绍酒醉制，时间不能太长，否则口味发苦。如果在夏天制作，应尽可能将醉制菜肴放入冰箱或保鲜室。

4. 糟腌　糟腌的主要调味品为香糟卤和精盐，一般将原料加热成熟后，放在糟卤中浸渍入味而成菜。多用于鸡、鸭等禽类原料，例如红糟鸡。糟料分红糟、香糟、糟油三种。在低于10℃的温度下，糟腌制品的口感最好，因此夏季制作糟菜时，腌制后最好放进冰箱，以使糟菜具有凉爽淡雅、满口生香之感。

5. **醋腌** 醋腌是主要调味品为白醋、精盐的腌制方法，是原料先经盐腌工序后，再用醋汁浸泡，醋汁里也要加适量的盐和糖，以调和口味。醋腌菜脆嫩爽口，风味独特，菜品口味以酸味为主而稍有咸甜，例如酸黄瓜等菜肴。

6. **糖醋腌** 糖醋腌是主要调味品为白糖、白醋的腌制方法。在经糖醋腌之前，原料必须经过盐腌这道工序，滗出水分，渗进盐分，以免潲口，然后再用糖醋汁腌制。糖醋汁的熬制要注意比例，一般是2∶1~3∶1，糖多醋少，甜中带酸。例如糖醋腌萝卜、糖醋腌仔姜、糖醋腌蒜等菜肴。

四、卤

卤是将原料放入调制好的卤汁中，用小火慢慢浸煮卤透，使卤汁滋味慢慢渗入原料内部的一种制作凉菜的方法。卤制菜肴具有油润光亮、质感软嫩、醇香酥烂、形态美观的特点，例如卤鸭、卤牛肉、卤肫肝等菜肴。

卤通常用于大块原料或整鸡、整鸭、整鹅、野味及各种内脏等。卤的原料多是鲜货。将原料放在配好的卤汁中煮，增加菜肴的色泽和香味。卤制时，要根据原料的大小老嫩，灵活掌握火候，一般先用大火煮沸，再用小火慢煮，使卤汁渗入原料。为保持鲜嫩，有的菜卤好以后仍需浸泡在卤汁中，随吃随取。煮后卤汁必须要清汤过滤，卤前的原料也可以用水煮一下，以去除异味。制作卤菜的关键在于配制并保存好卤汁：

1. **卤汁的配制** 配制卤汁（卤水）时，先将锅中的水烧开，放入酱油、精盐、黄酒、冰糖、葱、姜等调味品以及包有茴香、桂皮、丁香、草果、肉桂等香料的香料袋，有的还要放入红曲米（装袋），用文火煮1小时，煮出香味即成。卤的关键在于调制卤水，卤水中的各种香料和调味品的比例要适当。

2. 卤汁的保存　卤汁保存得越久，香味越浓，鲜味越透。卤制动物性原料时，煮开时要将血沫撇去，卤好后要撇油，还要常常清除锅底的碎骨、渣滓，以防止卤汁腐坏。老卤应妥善保存，不要用手接触卤汁，防止卤汁污染变质。

五、酱

酱，就是将原料用盐或其他香料调味品腌渍入味，再焯水油炸后，放在加有香料和调味品的汤锅中，用旺火烧开撇去浮沫，再用小火煮熟，然后用微火熬浓汤汁，涂在成品的表面上。酱制菜肴具有色泽红润光亮、口味酱香浓、质地柔嫩适口的特点，品种主要有酱鸡、酱鸭、酱牛肉等。

六、冻

冻是利用动物类原料中的胶原蛋白经过蒸煮后可充分溶解、冷却后能凝结成冻的特点，将适合的原料蒸煮熟后冻制成冷菜的一种烹调方法。成品菜肴具有清爽、透明、晶莹、润滑、鲜嫩等特点，例如水晶肘子、冻鸡、羊膏等菜肴。

冻制的原料一般为猪肉皮、猪肘、猪爪、鱼、带皮羊肉等富含胶蛋白的动物性原料。制作时，把原料放入盛器中，加入汤水和调味品，或放入锅内炖煮熟烂，或上笼屉蒸烂，然后使其自然冷却（也可放入冰箱内冷却），待结冻后即成。

对于一些含胶量较少的原料，也可在原汤中放入琼脂、肉皮冻，以使其结冻。

七、酥

酥以醋为主要调味品，以使荤料骨肉酥软、鲜香入味，与热菜中的焖、烧有些相似，但加热时间比焖、烧的要长，适用于制作酥鲫鱼、酥海带、酥藕等冷菜。一般都是将主料放入锅内后，一次加足汤水和调料，盖严锅盖加热，直到烧好才揭锅。由于此时主料已经酥烂，稍碰即碎，因而酥菜制成后，应待成菜冷却以后装盘，不可操之过急。

八、熏

熏是在原料经过蒸、煮、炸、卤等烹制方法后，将其放在密封的容器内，点燃燃料，用燃烧时的烟气熏，使烟火味焖入原料，从而形成一种特殊的风味。经过熏制的菜品，不仅色泽艳丽、美味醇香，而且可以延长保存时间。

▶ 第二节 热菜的烹调技术

热菜是指食用原料经过改刀等初步加工后，通过各种加热方式或方法，经合理调味与恰当的火候烹制而成，食用时热度符合就餐者生理要求的菜肴。热菜制作技术在烹饪中处于重中之重的地位，基本烹调方法分为烧、炸、爆、炖、煎、烤、蒸、熘、炒、焖、扒、烩、氽、煮、煨、烹、贴、盐焗、拔丝、蜜汁等20余种。只有充分掌握了热菜的烹调技术，才能保证菜肴的质量，进而丰富菜肴的品种。

一、烧的技法

烧是将经过炸、煎、煸、炒、蒸、煮等初步加热后的原料，加适量的调味品及鲜汤，用旺火加温，中小火入味，再用旺火收浓汤汁或勾少许粉芡的一种做法。烧适用于制作各种不同原料的菜肴，是最常用的烹饪法之一。主要方法有：

1. 红烧　红烧的烹调技法，多数是先将所烹调的原料经选择整理，刀工切制及美化成形后，经炸、煎、煸炒、煮等技法后，再放入锅中，加入适量鲜汤和调味品，先用旺火烧开，再改用中火或小火慢烧，使味渗入主料内部或收浓汤汁，或再用水淀粉勾芡烹制。红烧在进行热处理（炸、煎、煸）时，上色不要过重，否则会影响成品色泽。汤汁下调料如用糖、酱油调色，也不要过深，以免成品发黑发暗、味道苦。多数菜肴成熟后，具有色泽深红、酥烂柔软、鲜味醇浓、汁油明亮的特点。

由于原料不同，红烧菜肴的具体做法也不一样，例如板栗红烧肉：青、红椒切菱形片，锅中放水，煮开后放入五花肉煮至变色，捞出，切成小块，板栗煮过后，剥去外壳。锅中放油烧热后，放冰糖，小火炒好糖色后，放入五花肉翻炒至均匀上色，放入老抽，肉块均匀上色后，放入开水，小火煮至肉烂，放入青、红椒和板栗，加盐调味，煮至板栗入味，盛盘，盘边用西兰花点缀即可。

2. 白烧　白烧一般不放酱油，原料经煮或蒸、氽、烫、油滑之后，再进行烧制。主料多为鱼翅、鱼肚等高级原料；蔬菜也多用菜心。汤汁通常用奶汤烧制。例如白烧鱼肚：先将水发鱼肚片切成长一寸半、宽五分（1分＝0.33厘米）、厚三分的块，用开水氽透，挤净水分，往锅中放入猪油烧热，放入葱、姜煸出香味，冲入奶汤，放入鱼肚，烧开后移至小火烧 5~6 分钟，然后放入精盐、味精、料酒、胡椒面等调料，拣出葱、姜，用水淀粉勾上芡汁，淋上鸡油即成。

3. 干烧　干烧是四川地区较为擅长的烹调方法之一。它是将经过初步熟处理（出水、油炸、煎等）的原料，放入兑好味的汤汁中，旺火烧沸，改用中小火慢烧，直至烧至原料入味，汤汁浓稠时，最后再放到旺火上收干汤汁的烹调方法。与其他烧制方法的不同之处在于，干烧不勾粉芡，而是使菜中的汤汁在烧的过程中自然收浓，因而称之为干烧。干烧菜肴的特点：色泽鲜红明亮，鲜嫩柔软而酥烂，滋味咸香重辣而醇浓，菜肴形整不散，汁油清晰而不混。

4. 汤烧　原料经过烹制（或煮制）、油炸两道工序：通常是在烹制后油炸，待原料表面收缩时，捞出盛在碗中，另做汤水，即在锅内放入水和调味品（酱油、料酒、味精等），烧开后撇去浮沫，淋上明油，浇入碗内。

5. 油烧　原料大多用茸泥状，用油汆出，再放入无油的炒锅内，加调料制成。为避免粘锅，待汁一收干就要立即出锅。

二、炸的技法

炸，是用旺火热油，以油为传热介质的烹调方法，特点是用油量大，烹制好的菜肴具有口感香酥、脆嫩的特色。采用这种方法烹制的原料，一般要间隔炸两次，才能做好。炸的技法要领是，对一些老韧、形状大的原料，下锅时油温可低一些，炸的时间可长一些。

1. 酥炸　酥炸是将煮熟或生的原料挂上酥糊，下入热油，炸至表皮发硬时捞出；待油温升高，再次将原料放入油中，复炸至表面酥脆且呈金红色（或金黄色）时捞出，沥油成菜即成。用酥炸法烹制的菜肴具有色泽金红（黄）、外酥里嫩、咸鲜味香的特点，例如香酥肥鸡、香酥乳鸽、酥炸牛肉等菜肴。

2. 干炸　干炸又称焦炸。先将主料用调料腌渍，再拍蘸适量淀粉或玉米粉、湿淀粉，然后放入油锅内炸成。主料形状有方块、菱形块、三角块，也有圆形或小型整料的。干炸原料时，要注意挂浆均匀，投入油锅内的原料要适量，否则浆易脱落。工序有一次炸成和两次炸成。

具体操作方法是：将原料放在一个容器内，用酱油、料酒、白糖、味精、鸡蛋、淀粉先行浆好。倒油入锅，旺火烧至五成热时，逐块将酱好的原料放入油锅内，炸至油温升到六七成热时，用漏勺把原料捞出，再用手勺轻轻拍动，并将原料表面结成的硬皮拍出裂纹，使其酥脆不硬。然后再把原料投入油锅内，改用微火继续炸，待油温降到三成熟时，再改用旺火，待油温升到七成热时，捞出原料，装盘，蘸花椒盐食用。调浆汁时，酱油要适量，多了发黑，少了无色（以枣红色为好）。

3. 软炸　此法是将改刀或不改刀的原料经腌渍入味后，先拍粉或上浆，再挂上一层蛋清糊，入合适的油温锅中炸熟成菜的技法。要求鸡蛋多，淀粉多，糊浆薄厚合适，旺火热油。拌腌前，应用清洁的布吸干主料表面的水分，味不要过重。一般分两次炸，第一次用温油，炸至外层糊凝固、色泽一致、无生粉时捞出；第二次用高温油，短时间内将主料下锅炸熟即可。用此法烹制的菜品色泽洁白或蛋黄，口感外略软、内细嫩，味道咸鲜或香甜，例如软炸夹沙肉、软炸鸡柳、软炸虾仁等菜肴。

4. 脆炸　脆炸是用腐皮或网油将原料包成扁圆、长方形状的卷，外面挂一层水淀粉糊，然后进行炸制。炸时，应先用热油炸固外形，再用温油炸透，最后用油冲炸。主料、配料通常切成指甲片或丝，要求刀口一致，以防炸时生熟不一。用腐皮或网油包裹时，其封口处要用鸡蛋糊粘牢，以免裂开，并用竹签在腐皮或网油上面扎几个小孔，以便排气，避免炸胀，影响外形美观。

5. 清炸　清炸也叫生炸，是将生料经调味上色后，直接入油锅中炸熟成菜的一种方法。清炸主料外面没有保护层，必须根据原料的老嫩、大小来决定油温高低。质地较嫩或形状较小的主料，不能用较长时间在油中一次炸成，否则会失去炸料中的水分，使其变得干枯，不能达到外脆里嫩的效果；应该在油温五成热时下锅，炸的时间要短，炸至约八成熟时捞出，待炸料冷却后再下锅复炸一次即成。如果主料块头较大、质地较老，则应在油温七成热时下锅，炸的时间可长一些，中间改用温油反复炸几次，使油温逐渐传导到原料的内部，炸熟即可。用此法炸制的菜品具有色泽鲜艳、口感香脆嫩滑的特点，例如生炸鸡翅、清炸核桃腰、清炸里脊等菜肴。

6. 油浸炸　油浸炸指先将主料（最好是活鱼）蒸熟或煮熟，浇洒上调料，然后泼上热油。操作时，要先浇调汁，再撒葱、姜丝，后泼热油，最后撒上香菜即成。需要注意的一点是，主料经蒸煮多带汤水，浇洒调料时要倒掉。

三、爆的技法

爆是烹制肚子、鸡肫、鸭肫、鸡鸭肉、瘦猪肉、牛羊肉等脆性或韧性原料所采用的快速加热成熟的方法。爆的加热时间极短。用爆的方法烹制的菜肴脆嫩鲜爽。爆的种类分为：

1. 油爆　油爆即用热油爆炒做菜，成品菜肴具有本色本味、香浓脆嫩、清爽不腻、色泽油亮的特点。油爆有两种方法：一种是主料上浆，投入热油锅中拌炒，油和料的比例基本相等，炒散后，捞出控去部分油，再下入配料，倒入芡汁，爆炸即成；另一种是主料不上浆，只用沸水烫一下捞出，放入热油中速炸，炸后再与配料一起翻炒数下，烹入芡汁爆炒即成。爆炸的原料，要求多用肉丝、鸡丁、虾仁等小型鲜嫩的原料。操作时，先将原料用沸水烫一下，使原料除腥解腻，紧缩发脆，然后沥去水分。为防止原料过老，用沸水烫的时间不宜太长。主料上浆后，最好加些油拌匀，使其易于滑散。原料下锅前，锅要烧热，油要温，水力要稳定，主料下锅后要迅速拌炒，炒散后，升高火力，然后下入配料，再烹入用精盐、酱油、绍酒、味精和适量淀粉、清水调和而成的芡汁，颠翻几下即成。需要注意的是，芡汁要包住主料和配料，但不宜过多，以将原料裹住为度。

2. 酱爆 酱爆是用炒熟的甜面酱、黄酱、酱豆腐爆炒主料和配料的烹调方法，成品菜肴的特点是：多为深红色，油光闪亮，味成而有浓郁的酱香味。酱爆的主料一般要经过挂糊上浆，原因是爆的原料均是块、丁、丝等形状，较小较薄，烹调时容易断碎。另外一种方法是不挂糊上浆，主料是熟的，用热油煸炒之后，再加酱爆炒。在火候的掌握上，要求把酱炒熟炒透，炒出香味。

油和酱的比例由酱的稀稠决定，酱稀可多用点油，酱稠可少用点油。一般情况下，酱的数量以相当于主料的1/5为宜，炒酱用油的数量相当于酱的1/2。假如油多酱少，则包不住主料；油少酱多，则容易粘锅，均不利于菜肴的烹制。炒酱时，如用甜面酱，则可将糖和酱一起下锅炒；如果使用黄酱，应先炒黄酱，然后再放白糖、料酒，翻炒一会儿再倒入原料中颠翻均匀，淋上香油即成；使用酱豆腐可以在浆主料时放豆腐汁，也可用红曲卤调和菜色。

3. 葱爆 葱爆是用葱丝或葱块和主料爆炒。主料不上浆挂糊，也不用开水烫，只用调料调好味，再加葱爆炒即成。葱爆菜肴的特点是：主料无芡，色金黄，味鲜咸，有浓郁的葱香味。在爆炒前，要将主料调好味，调味时，应使调料完全融合到主料中去，不致渗出。操作时，要求热锅、旺火、动作迅速，葱一塌秧即可出锅。

4. 芫爆 芫爆的操作方法与油爆基本相同，是以芫荽（香菜）为主要调料的烹调方法，主料形状多是片、条、球、卷形。用芫爆法烹制的菜肴，具有色调雅致、质地脆嫩、爽口无芡、味咸鲜的特点。芫爆要求热油、旺火、速成，应选用质地脆嫩的原料，以便调味的汁液能较好地渗透。除香菜外，还要用到芫荽、葱花、姜末等调料。

5. 汤爆　汤爆是完全依靠汤的热度烹调菜肴。主料要用鸡胗、猪肚等质地脆嫩的生料，用水焯一下，再用沸汤（鲜汤）冲熟。汤爆菜肴具有味道鲜美、清爽利口的特点。汤爆要用味道鲜美的清汤，掌握好火候，原料一变色即成。汤爆要先焯好主料，一般以焯至无血、颜色由深变浅、质地由软变硬、变脆嫩为好。焯主料要和汤同时进行。

6. 水爆　水爆是以水为加热体的一种爆法。水爆时把原料在沸水中加热成熟捞出，即可蘸调味料食用。烹制荤料水爆菜的关键是掌握好沸水焯原料的时间，如焯水时间过短，主料会有腥味或出现半生不熟的现象；如焯水的时间过长，主料便老而不脆。一般以焯至主料无血、颜色由深变浅为好。

四、炖的技法

炖是将原料放于锅内，用小火长时间加热制成菜肴的一种烹调方法，适用于肌纤维比较粗老的肉类、禽类原料。原料在炖前必须焯过水，以排出血污和腥臊味。炖时，最好使用砂锅或搪瓷锅。为防止粘锅，可将锅垫放在原料下面。炖制菜肴的特点是：汤水多，肉酥软，原汁原味。炖主要有以下几种方法：

1. 清炖　清炖可保持原汁原味，色泽多为白色。原料以整只的鸡鸭为好；牛羊肉和椎骨可改刀切成核桃大的块；肘子、猪蹄等原料应先用旺火燎煳表皮，放在水中泡软，用小刀将煳皮和毛茬刮去、削净，再用清水洗涤干净，然后将肘子改刀成核桃大的块，猪脚则先从叉处劈开，再剁去爪尖。

原料加工好后，先放入凉水锅中（水是原料的 1.5 倍），大火烧开后将血沫撇去，煮五成熟后，捞出原料，用清水将黏附在原料上的血沫漂洗干净。同时将原汤放在一边,澄清后将原汤缓缓倒入另一容器内,去掉汤底的渣滓及血污。再取一干净锅放在火上,倒入澄清的原汤,放入原料烧开,下入料酒、胡椒面、葱段、姜块,烧开后改用小火,加盖盖严。炖制时,要不断撇去汤面上的浮油。炖制菜肴的调味,最好在菜肴炖好后再放精盐,原因是盐有渗透作用,过早放会渗透到原料中去,不仅会使原料自身的水分排出、蛋白质凝固,而且会使汤因水分的不断蒸发而变咸。

清炖可加入适量的配料,以协调口味、突出主料,通常用油菜心、大白菜心、小白菜心、豆苗等相搭配,使味道更加清淡爽口。假如是清炖牛羊肉和排骨,配料可选择白萝卜、胡萝卜、马铃薯等。

2. 隔水炖 隔水炖的容器必须用瓷制品或陶制品,选料必须以肌体组织较老、能耐长时间加热的鲜料为主,最好是大块整料。原料放入容器前,要经过初步熟处理,可放入开水锅中焯一下,以去掉血污和腥臊味。原料放入容器后,要将口盖严,以尽量减小原料香味的散失,然后放于滚沸水锅中,水面必须低于容器,并在加热过程中始终保持沸腾状态,使水的热量通过容器不断传入原料,溢出鲜味。需要注意的一点是,容器中除原料外,只加清除异味的葱、姜、料酒等,不加其他调味料,更不能过早放盐。

3. 侉炖 侉炖也叫乱炖,是常用于炖鱼类的烹调方法。主料要滚沾淀粉和挂鸡蛋糊,先用七八成热油炸,再放入炒勺内,加入各种调料。

例如烹制侉炖鱼块,原料为青鱼 400 克,猪肉、香菜少许。具体操作方法是:先将腌制过的鱼块蘸上一层玉米粉,然后挂好鸡蛋糊;待锅中油烧至七八成热时,放入原料,炸成黄色后捞出,控净油分;锅内留少许油,用旺火烧热,随后下肉片稍炒,再下葱片、姜片,炒香后下入精盐、酱油、味精、料酒、毛汤,然后下入炸好的鱼块,用大火烧开之后,改小火慢炖 15 分钟左右,淋上香油起锅,最后加醋并撒上香菜段即成。

五、煎的技法

煎是用少量油润滑锅底后，再放入原料，用中小火将原料两面煎成金黄色乃至微煳状态，使其成熟的一种烹调方法。煎的原料单一，一般不加配料，原料多由刀工处理成扁平状。主要有以下几种方法：

1. 干煎　干煎是将加工成片状的主料，先用调料腌制，挂上鸡蛋糊或拍粉后，再放入锅中用少量油煎成。煎菜的用油量，不能淹没主料，油少的话可随机加一点，随时晃动，使所煎主料不停转动，既使主料均匀上色又可避免粘锅。假如主料是泥茸状，则需要与调料、鸡蛋、湿淀粉拌匀后再煎。

2. 煎烧　煎烧是将主料剁成末状，加入鸡蛋糊、湿淀粉和调料，搅拌均匀后，挤成丸子，然后将丸子煎成饼形，再放入汤、调料和配料煎烧。煎过的主料中间未熟透，一定要用大火将汤煮沸后再下锅，汤沸腾后改用慢火，烧至酥烂即成。煎时，注意煎好一面再煎另一面，翻动时注意不要把主料弄碎。

3. 煎蒸　煎蒸是把初步加工处理后的原料先煎，主料定型后再加调料，上笼屉蒸熟的烹调技法。例如蒸鱼类原料，要将煎好后的鱼码放在深盘内，摆上葱段、姜片，再浇上调拌成各类味型的涮味汁，上屉蒸熟即成。鱼和汁的比例，通常是 10∶3。在蒸制主料时，要注意不要使蒸汽的水滴入盛主料的容器内。

4. 煎焖　煎焖是将主料改刀成型，腌制入味，放入底油中煎制成熟再加入调料、清水或汤汁，盖锅盖，用微火焖熟至酥的一种烹调方法。煎焖的关键是掌握好火力和汤汁的量。通常用小火，使汤汁与主料相平，待汤汁将尽、主料酥烂时即成。如主料质嫩，汁可少些；若主料质老，汁可多些。

例如煎焖豆腐，先将豆腐片去粗皮，切成长方片，放入平盘内，撒上少许精盐略腌，滗去水分。然后将豆腐片两面粘匀面粉，放在深盘内。鸡蛋磕入碗内，搅散成鸡蛋液，倒在豆腐片上。将炒锅放在火上，加入熟猪油烧热，下入裹匀鸡蛋液的豆腐片，煎至两面呈黄色时加入鸡汤、精盐、味精、胡椒粉，改小火焖至入味，加入葱段、香油，用旺火收汁，装盘即可。

5. 煎焗　煎焗是将原料初步加工处理后，加入料酒、姜初步去腥味，加入味料入底味，上浆（也有不上浆），上火煎至双面金黄色时取出，再用焗法烹制成熟的烹调方法。

例如煎焗带鱼，先将带鱼洗净、切成大块，用少量的盐先腌制一下。大火烧热锅，下油，煸香姜、葱，然后将带鱼入锅猛火煎。一面煎大概 1 分钟的时候，可以将鱼翻过另一面来煎，待两面煎至金黄后，加入适量的生抽、清水，盖上锅盖焗一下，待锅里的汁液烧干后起锅。

煎的技法要求有三：一是用油要纯净，煎制时要适量加油，油不宜过少；二是掌握好调味的方法，有的要求在煎制前先将原料调好味，有的要在食用时蘸调味品吃，有的要在原料即将煎好时，趁热烹入调味品；三是掌握火候，不能用旺火煎。

六、烤的技法

烤是将食物原料放在烤炉里，利用热辐射使其成熟的一种烹调方法。由于原料是在干燥的热气烘烤下成熟的，表面水分蒸发，凝成一层脆皮，原料内部水分无法继续蒸发，因而烤制后的成品菜肴具有形状整齐、色泽光滑、外层干香酥脆、里面鲜美软嫩的特点，是别有风味的美食。烤鸡、烤鸭与烤肉时要掌握以下技术要领：

第一，原料要经过腌渍或加工成半成品后放入烤炉，要事先调好味。

第二，烤鸡鸭时，原料的表皮要涂上一层饴糖（麦芽糖），以防止原料表面干燥变硬。饴糖还能与原料表皮的氨基酸结合，使原料表面呈现诱人食欲的枣红色，表皮也易松脆。将饴糖涂在原料上还能防止原料里脂肪的外溢，使菜肴香味浓重。

第三，烤肉时，要用竹签在肉面扎几个眼，目的是防止原料鼓泡、烤破皮面，影响菜肴的质量。眼的深度以接近肉皮为度，切不可扎穿肉皮。

七、蒸的技法

蒸是以蒸汽加热，使经过调味的原料成熟或酥烂入味的一种烹调方法。蒸的方法使用较广，既可用于原料的初步熟处理，又可用于蒸制菜肴以及成菜的回笼加热。

蒸可分为清蒸、粉蒸、干蒸等方法。清蒸是将经初步加工的主料，加主调料和适量的鲜汤上屉蒸熟；粉蒸是将主料蘸上米粉，再加上调料和汤汁，上笼屉蒸熟；而干蒸指将洗涤干净并经刀工处理的原料放在盘碗里，不加汤水，只放作料，直接蒸制。

根据原料质地和烹调要求的不同，蒸制菜肴必须使用不同的蒸法，并掌握不同的火候：

1. 中小火沸水慢蒸 此法适用于蒸制原料质地较嫩、要求保持原料鲜嫩的菜肴，例如蒸鸡、蒸鸭等。另外，蒸蛋羹、蒸参汤也适用此法。

2. 旺火沸水速蒸 此法适用于蒸制质地较嫩的原料以及只需蒸熟不用蒸酥的菜肴，一般蒸制 15 分钟左右即成，例如清蒸鱼、蒸乳鸽、蒸扣三丝、蒸童子鸡、粉蒸肉片等。

3. 旺火沸水长时间蒸 此法适用于蒸制粉蒸肉、大白蹄、香酥鸭等菜肴。这类菜肴原料质地较老、形状大，又要求蒸得酥烂。

蒸制菜肴时，有两点需要注意：一是菜肴的原料必须新鲜、洁净；二是蒸时要让蒸笼盖稍留缝隙，使少量蒸汽逸出，如此可避免蒸汽在锅内凝结成水珠流入菜肴的汤汁，冲淡原味。

八、熘的技法

熘是先将原料用热油炸焦脆，或用水煮熟后，盛在盘中，浇上制好的味汁；或用温油滑熟后再回锅熘制成菜。

按照在原料的加热成熟时所用导体的不同，熘又可分为油熟法（炸制或划油）和水熟法（煮或蒸）两种。油熟法又分为脆熘、滑熘两种，水熟法在餐饮行业中则被称为软熘。

1. 脆熘　脆熘又称炸熘或焦熘，大多用于以鱼、鸡、猪等质地细嫩的原料烹制的菜肴。

它是将原料改刀、挂糊、油炸，再浇上味汁或与味汁拌匀成菜的烹调方法。原料在炸制前，必须经过调味品拌渍，再挂上蛋豆粉、水粉糊或滚干粉，投入油锅里，用旺火热油（油温在六成热以上）炸到原料呈现金黄色并发硬时捞出。在原料炸制出锅的同时，要用另外一只锅，把卤汁也同时调制好，这样可以趁原料沸热时，浇上卤汁，才能保持外皮酥脆、内部鲜嫩的特点。从颜色上看，一般有番茄色和浅酱色两种。例如茄汁鲤鱼、鱼香肉圆、糖醋排骨、焦熘肉段、果酱虾仁等。

2. 滑熘　滑熘即原料经过滑油后再熘。滑熘所使用的原料没有脆熘那样广泛，也不像软熘那样比较自由，而是必须以无骨的原料为主。将加工成片、丝、条、丁、块的小型原料，调味腌渍后，再用蛋清淀粉上浆，下入五成热左右的油锅中，滑散至八成熟时捞出，倒入同时做好的卤汁中，翻匀出锅即可。滑溜菜品的特点是：色调素雅鲜亮，口感滑嫩柔润，味道咸鲜香醇，营养丰富。例如熘鸡片、滑溜鱼片、三丝虾片、醋熘凤脯等菜肴。

3. 软熘　软熘烹调法是将加工好的主料，用蒸、煮或余制的方法预熟后，再用熘制方法成菜。成菜特点是卤汁较宽（用料自由），爽滑软嫩，口感丰富。但这些又是与选料、火候分不开的。用料必须选择柔嫩的软性原料，同时掌握好煮或蒸的火候，一般以断生为好，欠火则不熟，过火则失去软嫩的特点。从成菜的颜色和口味上来讲，都不是单一的，既可以是红色的，也可以是白色的；既有咸鲜味的，也有咸鲜微酸的，还有咸、甜、酸、辣兼备的，例如西湖醋鱼。

九、炒的技法

炒是把原料放在热油锅内，用旺火翻拨变熟，加入调味品制作而成，是最基本的烹调技术之一。炒菜可分为下列几种：

1. 滑炒　滑炒是将经过上浆的小型原料，先投入温油锅中滑散至熟呈白色时，倒入漏勺内沥油，再用少量油在旺火上急速翻炒，最后兑入味汁或勾水粉芡成菜的方法。

滑炒的原料要求新鲜质优，精挑细选。例如，肉类应选里脊和细嫩的瘦肉；鸡类以胸脯肉为佳；鱼虾以鲜活的为好；大部分的动物原料要去皮、剔骨、剥壳。原料经刀工处理后的形状，一般以细、薄、小为主，例如薄片、细丝、细条、小丁、小粒和细末。虾仁等自然形态小的原料，可用原形；较厚的原料，要剞上花刀，以保证滑炒菜肴的嫩度。

滑炒在刀工后、烹调前，通常都应进行上浆。上浆的目的是防止原料在滑炒过程中失水退嫩，以保证菜肴软嫩鲜美。上浆要求细致，先用细盐、料酒腌渍一下，使其入味；再把蛋清调匀，放入腌渍的原料中调和均匀；最后加入淀粉，用手抓捏均匀，以粉浆将原料的表面全部包裹起来为准。

滑油所用的滑油锅必须干净，油温应控制在 100～150℃，不宜过高。为防止滑油时粘锅，滑前要"泹锅"，即把锅烧热，放少量油，均匀晃动，使锅都沾上一层油。下料要分散，不能成堆，入锅后要把原料划开，使之各处分离。熟的程度为八成即可。另外，如果一次性下锅的原料较多，应适当提高油温。

炒是滑炒的最后一道工序，即再一次加热，使原料完全成熟，并确定最后的口味。由于回锅加热是旺火速成，时间短促，因而调味宜用碗汁、碗芡，以节省烹调的时间。用这种方法制成的菜肴特点是：色调素雅亮丽，口感滑嫩柔软，味道鲜美浓香。常见的菜例有腰果鱼丁、松仁鱼米、银芽里脊丝、滑炒鸡丝、滑炒鱼片等。

2. 生炒 生炒又称生煸，是将生的原料加工成一定的形状后，不经腌渍上浆，直接入锅炒至断生时再调味成菜的方法。单一原料可一次下锅；多种原料要根据质地的老嫩分先后下锅，即质地老的先下锅，质地嫩的后下锅。主料下锅后，立即用手勺反复拌炒，使原料在短时间内均匀受热，待主料颜色改变时，放入小料，再放调料，使主料浸透入味，最后放配料。假如配料的质地较老，可先用另外的锅煸炒一下，并适当放入咸味调料。炒时要用旺火、热锅、热油。用生炒法烹制的菜肴，微有汤汁，具有色泽自然、油润光亮、软嫩鲜香的特点，常见的菜例有生炒肉丝、生炒鸭丁、生炒羊肉片、鱼香脆藕丝等。

3. 熟炒 熟炒是将初步熟处理的原料经过刀工成一定形状后（或经刀工处理后再经过初步熟处理），不经腌渍、上浆、入味，直接放入有热底油的锅中炒制并调味成菜的一种炒法。炒熟的原料大都不挂糊、上浆，起锅时，有的不勾芡。配料多用含有香气的蔬菜，如柿子椒、蒜苗、芹菜、青蒜、大葱等。熟炒原料丝要粗，片要厚，丁要大，条要粗。除要求旺火热油之外，熟炒一般用酱类调料较多，例如黄酱、甜面酱、豆瓣酱、酱豆腐等。由于调料多用酱类，因此熟炒菜的菜汁浓味厚，汁要紧紧包着主料、配料。熟炒菜肴的特点是：油润明亮，质地软嫩，食完菜肴后盘底略有一层味汁。例如回锅肉、松末小炒肉、鱼香空心菜等菜肴。

4. 煸炒 煸炒是一种最普通的炒法。它是将少量底油烧热后放入所需烹制的原料，使原料直接接触炒勺，翻炒熟透，使菜肴具有汁薄鲜嫩的特点。煸炒的原料以片、丝为主，主料不上浆、不挂糊。操作时，火要旺，锅要滑，边炒边依次加入配料和调料，炒至肉类断生、青菜塌秧即可。菜肴的颜色以红为多，白色较少。

5. 抓炒　抓炒是宫廷御厨创造的一种精细炒法，以"四大抓"而闻名。其方法是：将经过刀工处理的原料腌渍入味，挂糊油炸成熟后，再与调好的味汁拌匀成菜的一种方法。为防止主料卷曲成团，抓炒的油温不宜过高，同时，要注意先后下锅炸的主料，色泽要基本一致。用汁不能太少，少了包不住主料，达不到口味要求；当然，汁也不能过多，否则不能突出主料，甚至会喧宾夺主。抓炒菜色泽褐红油亮，质感外焦里嫩，味道咸鲜微酸甜。例如闻名的"四大抓"：抓炒鱼片、抓炒里脊、抓炒腰花和抓炒大虾。

6. 干炒　干炒又称为干煸、焦炒，是把一些不挂糊的小型原料，用调味品调制后，放入旺火热油勺内，急速翻炒，见汤汁收干加入配料，再翻炒几下，使菜肴干香酥脆的一种烹调方法。干炒的主料也是用生的，不上浆，不挂糊，不带芡汁。原料一般都切成丝状，丝可略粗于其他炒菜的丝状主料。调料一般多用豆瓣辣酱、花椒、胡椒等。干炒用的锅，要先烧热，再用油涮一下，把涮锅的油倒出，再放入底油。为防止炒煳，火力应先大后小。如果炒的数量较多，可先用调料将主料腌一下，再用宽油、中火缓炒，待去掉一些水分后，再放底油，加配料和调料同炒，这样能比较省时省力。用此法烹制成菜的特点是：色泽红润油亮，质感干香酥软（嫩），味道麻辣或香辣或咸香。例如干煸四季豆、干煸牛肉丝、干煸素鳝等菜肴。

7. 水炒　水炒，即不用油而用水炒制。方法是：将主料挂好糊，放入开水锅里氽透，再放入先兑好的汁进行颠翻烹炒即成。主料上浆时，要用力抓，使薄薄的浆紧紧包住主料。同时，要恰当掌握水温，以微沸的水为好，以防止主料下水后发生脱浆现象。主料下入锅内时，不要用筷子拨动，以防脱浆，并要注意下料均匀，没有粘连。水炒菜色泽素雅，口感滑嫩，味道清淡，适合儿童、老人和喜食清淡的人食用。常见的菜例有水炒鸡蛋、水炒虾仁、水炒鸡片等。

8. 爆炒 爆炒是将刀工处理的原料，经出水、上浆过油（或不过油）后，放在有热底油的锅中爆炒至断生，加配料，并倒入事先兑好的味汁，迅速颠翻，淋明油出锅成菜的方法。主料一般是韧性强的鸡胗、鸭肠、肚头、腰子，并进行剞刀处理（刀口要深、透、均匀）。根据主料性质的不同，有的需要上浆（上浆不要过干，以免遇热成团），有的不上浆。烹调时，注意汤、炸、爆三者紧密衔接配合好，不能脱节。所用的芡汁不要过多过少、过浓过稀，要做到芡汁和主料交融在一起，突出主料外形的美。爆炒菜肴色泽美观、汁明芡亮，质感脆嫩或软嫩，味道香醇，吃完菜肴后盘底无芡汁，只略有一薄层油汁。常见的菜例有爆炒墨鱼仔、爆炒肚丝、爆炒腰花、葱爆羊肉等。

9. 软炒 软炒是将一些液体原料或加工成末、蓉泥状的固体原料，经调节成糊状并调味后，再用适量的热油拌炒即成；或先用调味品将主料拌腌，然后用蛋清、淀粉挂糊，再放入温油锅里炒炸，待油温逐渐升高后离火，最后加入配料同炒，颠翻数下即成。软炒菜细软滑嫩，咸鲜味美，色泽素雅。常见的菜例有软炒鲜奶、炒土豆泥、芙蓉干贝等。

软炒的操作要点是：先用汤或水将主料调成粥状，然后过箩。在调主料时，不要用刀搅拌，也不要加味，以防止因原料变稠而不好过箩。同时不能过量加水或汤，以免影响炒制。用油要适量，油太少容易粘锅。在主料下锅后，要注意使原料散开，以免主料连成块，并立即用手勺急速推炒，使其全部均匀地受热凝结，以免挂锅边。假如发生挂锅边现象，可顺锅边点少许油，再行推炒至主料凝结为止。在火候掌握上，菜的主料炒成棉絮状即可，不要过分推炒，以免脱水变老。

10. 清炒　凡是单一主料炒成的菜肴，都可以叫清炒。清炒菜肴是将原料进行调味，用蛋白糊浆拌均匀，用三四成热油滑开滑透倒入漏勺，勺内留少许底油，加调味汁翻炒均匀的一种做法。清炒的方法与滑炒基本相同，但不用芡汁。所用主料必须新鲜细嫩，加工时刀口要整齐划一，否则影响质量和美观。清炒的菜品，既鲜嫩又松散，特点是主料比较单一，配料也比较少，调味往往比较清淡，给人以清新松爽之感。

十、焖的技法

焖是将原料经过油炸、煎、煸炒、蒸或水煮的主料，加调味品和汤汁，用旺火烧开，改用小火盖严盖，长时间加热成熟的一种烹调方法。在烹制时由于所用调味品的不同，又形成了红焖、黄焖、油焖和干焖之别。

1. 红焖　红焖是焖制技法中最基本的方法之一。一般先将原料加工成形，即先用热油炸或用温开水焯一下，使其外皮紧缩变色，体内一部分水排出，外表蛋白质凝固。然后放入陶器罐中，加入适量鲜汤、调料和水，加盖密封，先用旺火烧开，然后改为微火，焖至酥烂入味为止。主要调料有酱油、绍酒、白糖和葱、姜。用红焖法制成的菜肴的特点是：色泽金红或深红，质感酥烂，味道咸鲜，汁浓味厚，形态完整。例如红焖肘子、红焖羊肉、红焖海参、红焖甲鱼等菜肴。

2. 黄焖　黄焖就是把初步加工好的主料经调味品拌渍后，用热油炸或焯水等热处理后，放入调好味的汤汁中，加盖用小火慢焖至料熟入味的一种焖法，成品菜肴具有色泽金黄、黄中带亮、质地酥乱、味道鲜醇的特点。例如黄焖鸡、黄焖鸭肉、黄焖带鱼等菜肴。

3. 油焖　油焖是焖制技法中的一个分支，成品菜肴具有油润明亮、卤汁稠浓、油而不腻、软（脆）嫩鲜香的特点。具体操作方法是：将干净炒锅上油炙好，放入适量的底油，烧至六七成热时下入主料，煸炒至无水汽且吃足油分时，随机烹入料酒，掺入鲜汤，加入调味品，加盖，用小火焖至熟透入味，加入适量味精，淋几滴香油后即可出锅装盘。例如油焖大虾、油焖土豆、油焖冬笋等菜肴。

4. 干焖　干焖是焖制方法中的一种特殊方法，由于其焖制时不加任何汤水（有时只加少量料酒和酱油），不勾芡，成品菜肴没有汤汁，因而得名。用干焖法烹制的菜肴，具有形状完整、色泽鲜艳、质地娇嫩、味道咸香的特点。具体操作方法是：将鲜嫩的动物原料改刀成块、片、蓉等形状，用调味品拌味后，置于有适量油的锅中，加盖以中小火煎，待底面变色时翻转，再加盖，继续焖至原料熟透且呈金红色时倒出，改刀装盘即成。例如干焖鸡腿、干焖肉饼等菜肴。

焖菜要尽量使原料所含的味发挥出来，保持原汁原味。

十一、扒的技法

无论中餐还是西餐，"扒"菜都是主要的烹调技法。扒是强调原料入锅整齐，加热烹制时及勾芡翻锅后仍保持整齐形态的一种烹调方法。烹调时，先用葱、姜炝锅，再放入生料或蒸煮半成品，加入汤汁和调味品，用温火烹至酥烂，最后勾芡起锅。根据调味品的不同，扒有红扒、白扒、鱼香扒、蚝油扒、鸡油扒等几种不同的技法。

中式烹饪中，鲁菜中的"扒"菜比较著名，具体操作方法是：将初步加工处理好的原料改刀成形，好面朝下，整齐地摆成图案或摆入勺内，加入适量的汤汁和调味品，慢火加热成熟，转勺勾芡，大翻勺，将好面朝上，淋上明油，拖倒入盘内。

"扒菜"通常分为八个步骤，每一个步骤都非常重要，直接影响着成品菜肴的好坏。

1. 选料 "扒"鲁菜菜系中常用的烹调技法,是比较细致的一种烹调方法。原料,第一,要选高档精致、质量好的食材,例如鱼翅、鲍鱼、干贝等海产品;第二,一般用于扒制熟料,例如扒三白,所选用的原料有熟鸡脯肉、熟大肠和熟白菜条,选用这些原料的目的是容易入味,同时具有解腥去味的作用。另外,"扒"菜选用的原料形状要整齐美观。

2. 加工 根据原料性质和烹制要求的不同,先要将原料加工改刀成块、片、条等形状或整只原料,然后进行初步加工处理,以缩短加热时间,调和滋味。例如,蔬菜原料要焯水过凉,干货原料要进行提前涨发。另外,不论主料是什么形状,在烹制菜肴时都要摆成一定的形状或图案。

3. 火候 无论哪一种烹饪方式,火候都是决定菜肴成败的关键因素之一。"扒"菜的火候要求严格,一般用旺火加热烧开,再改用中小火长时间煨透,使原料入味,最后旺火勾芡而成。

4. 造型 根据菜肴造型的不同,"扒"菜分为两种:一种是勺内扒,就是将原料改刀成形摆成一定形状放在勺内进行加热成熟,最后大翻勺出勺即成;一种是勺外扒,先将原料摆成一定的图案,加入汤汁、调味品,上笼进行蒸制,最后出笼,汤汁烧开,勾芡浇在菜肴上即成,又称为蒸扒。

5. 调味 按照原料的特点及调味品的不同,"扒"分为红扒、白扒、葱扒和奶油扒等。红扒的特点是色泽红亮、酱香浓郁;白扒的特点是色白、明亮、口味咸鲜;葱扒的特点是葱香四溢,能吃到葱的味道却看不到葱;奶油扒的特点是汤汁加入牛奶、白糖等调味品,有一股奶油味。例如红扒鱼翅、扒三白、葱扒海参、奶油扒芦笋等菜肴。

另外还有鸡油扒等扒制方法。

6. 勾芡 "扒"菜的勾芡手法一般有两种:一种是勺中淋芡,边旋转勺边淋入勺中,使芡汁均匀受热;另一种是勾浇淋芡,就是将做菜的原汤勾上芡或单独调汤后再勾芡，浇淋在菜肴上面，这一方法的关键在于掌握好芡的多少、颜色和厚薄等。

"扒"菜的芡汁属于薄芡，但是比熘芡要略浓、略少，一部分芡汁融合在原料里，一部分芡汁淋于盘中，光洁明亮。"扒"菜的芡汁有很严格的要求：如芡汁过浓，对"扒"菜的大翻勺会造成一定的困难；如芡汁过稀，对菜肴的调味、色泽会有一定的影响，造成味不足，色泽不光亮。

7. 大翻勺　大翻勺是"扒"菜成败的关键因素之一。在大翻勺时应特别注意以下三点：

第一，在进行扒菜大翻勺时要用油炼勺，使炒勺光滑好用，以防止因食物粘勺而翻不起来。

第二，在进行大翻勺时需要用旺火，左手腕要有力，动作应干净利索、协调一致，勺内原料要转动几次，淋入明油。

第三，掌握大翻勺的动作要领：眼睛要盯着勺内的原料，轻扬轻放，保持菜肴造型美观。

8. 出勺　"扒"菜有很多种出勺的技法，以倒"扒"菜较为常用，即在出勺之前将勺转动几下，顺着盘子自右而左拖倒，以保持原料的整齐和美观，例如蟹黄扒鱼翅。另外，还可以将勺内的原料摆在盘中呈一定的形状和图案，最后淋上芡汁即成。

十二、烩的技法

烩是将上浆与不上浆的几种小型鲜嫩的原料，经滑油或不经滑油放入用调味品炝锅与不炝锅的汤汁中，用急火烧开，迅速勾米汤芡或不勾芡成菜。烩菜的特点是汤宽汁厚，口味鲜浓，汤汁乳白，口味香醇，保温性强，适用于冬天食用，例如烩鸡丝、素烩豆腐等。其具体操作可分为以下三种：

第一种：先将油烧热（有的可用葱、姜炝锅），再将切成丁、丝、片、块的小型原料和调料、汤（或清水）依次下锅，放在温火上烹熟，起锅前勾汁即成。

第二种：先将调料、汤煮沸并勾汁，再将已炸熟或煮熟的主、辅原料一起下锅，烩一烩即成。用此法烩制的菜肴，原料大多先经油炸或烫熟，成品菜肴比较鲜嫩。

第三种：将锅烧热加底油，用葱、姜炝锅，加汤和调料，用旺火使底油随汤滚开，然后将原料投入锅中，出锅前把浮沫撇去，不勾芡，称为清烩。

十三、氽的技法

氽是汤菜的主要做法，适用于体积小或经过加工成片、丝、条和制成丸子的原料，特点是汤清味鲜、口感滑嫩、味道咸鲜。

第一种：先用沸水将原料烫熟，捞出放在盛器中，另将已调好味的、滚开的鲜汤倒入盛器内一烫即成。这种氽法一般也称为汤泡或水泡。

第二种：先用旺火将汤水煮沸，投入原料，加以调味，不勾汁，水一开即起锅。这种开水下锅的做法适于羊肉、鸡片、里脊片、鱼虾片、猪肝、腰片等；而猪肉丸、羊肉丸、鸡肉丸，则宜在略开的水下锅；鱼丸子宜在温水时下锅。

十四、煮的技法

煮是制作不带芡汁热菜的一种烹调方法，一般是先用旺火将原料（有的是用生料，有的是用经过初步熟处理的半成品料）烧开，然后改中小火炖熟。采用煮的方法，有的是为了煮制菜肴，煮菜往往是有汤有菜；有的是为了提取鲜汤，以鲜汤作为烹制某些菜肴的调味品或配料。煮制的鲜汤通常可分为普通汤、鸡汤、清鸡汤、奶汤（又称白浓汤）。煮菜的主要特点是：成菜汤汁较宽而浓醇，一般汤菜各半，口味鲜嫩。

十五、煨的技法

煨是用油锅将原料（如果是带有腥臊气味的生料，需先经冷水锅烧开后捞出，将血污洗净）炸成黄色，然后将原料放入砂锅内，加入料酒、葱、姜、香料等调味品及水或鲜汤煨制，有的还需加入鸡肉或猪肉等同煨，使其酥软、香鲜、汁浓。具有代表性的煨菜有白煨祁门鳝、佛跳墙、茄汁煨牛肉、八卦汤等。

例如，茄汁煨牛肉的煨制方法为：

①将牛肉（牛肋条肉）切成5厘米见方的块，焯水，捞出用清水冲洗干净。锅内加油烧至七成热时，下入牛肉，炸至表皮紧缩，捞出沥油。

②锅内放油，烧热后放入番茄酱炒出香味，加入鲜汤，放入牛肉，用小火加热，中途加入葱段、姜片、料酒，继续用微火煨至牛肉酥烂，再加入盐、白糖煨至入味即可。

十六、烹的技法

烹是全国各地常见的烹调方法之一，就是把所需要制作的原料，经加工处理、刀剖成形、急火油炸后，把兑好的调味汁同时入勺（锅）翻炒均匀，使部分味汁渗入或黏附在原料上的一种技法。采用这种烹调方法制作的菜肴种类很多，多数具有酥香脆嫩的特点。

烹又分为清烹、干烹（炸烹）两种，二者在制作方法上的区别在于清烹直接入油炸，不挂糊；干烹的原料油炸之前需要挂浆。

在调味上，有复合味及单一味两种，一般清烹的菜肴味较清淡，干烹的菜肴味较浓厚。

十七、贴的技法

贴与煎的烹调方法基本相同，但下锅后只煎一面，不用翻身，做好后一面焦黄香脆，另一面松软而嫩。贴这种烹饪技法可细分为两种：一种方法是主料下锅后贴在锅面上煎成金黄色；另一种方法是用蛋糊将几种相同的原料贴在一起，或者加工成泥茸状，再下锅煎，只贴一面，所以菜肴一面焦黄香脆，一面鲜嫩。

贴的原料一般是两种以上贴在一起，并且多数经过挂糊。原料的成形一般为扁形或厚片形，这类形状在烹制时易于成熟入味。煎和贴都是以少量的油传热制成菜肴的烹调方法，两者的共同特点是制成的菜肴色泽金黄，外香酥、里软嫩，具有浓厚的油香味，营养丰富，老少皆宜。

十八、盐焗的技法

生料腌制好后，将其埋入热盐中，通过热盐释放出的热量使生料成熟的方法称为盐焗法。盐焗菜式具有盐香浓烈、回味无穷的特点。除热盐外，用沙粒、糖粒等其他能储热的物料也可将生料焗热、焗熟。盐焗法由东江盐焗鸡而起，现仍以禽类原料为主，其工艺程序如下：

①腌制主料。

②让盐粒储热。一般采用将盐粒放在锅内、用猛火炒热的方法。

③用涂油的砂纸将主料包裹好，埋在热盐中焗至熟，然后拆开砂纸，取出熟料，斩件上碟，配作料上席。

十九、拔丝的技法

拔丝的制作方法是将原料改成块、片或丸状，挂糊或不挂糊，过油炸透，然后入糖浆中翻炒均匀，吃的时候能拔出细细的糖丝。拔丝菜肴具有口味甜香、外脆里嫩、晶莹明亮的特点。

拔丝的关键在于炒糖，炒糖有油炒、水炒、油水合炒、干炒四种方法。四种炒法所需时间不一，但不管采用哪一种炒法，都必须把火候掌握好。以油炒为例，先将锅擦净后加入底油，用中火加热，放白糖，不断搅动以使其受热均匀，炒至呈浅黄色时会冒出气泡，待泡沫增多变大，就将锅端离火口，让泡沫变小，颜色加深，即可投入原料。如果看不准可用勺舀起糖汁往下倒，只要能成一条糖线，就说明糖已炒好。此时应迅速将原料投入，并不断翻动，使糖汁裹住原料。

拔丝小窍门如下：

1. 挂好糊　炸料前，对苹果、梨、橘子等水分较大的原料要进行挂糊处理，以防止损耗水分或原料内部出水，形成粘连。而土豆、红薯等含淀粉多的原料可不必挂糊，直接下油锅炸即可。

2. 炸好料　炸料时，油应多放一些，火不宜太旺，烧至六七成熟时下料，炸至金黄色时出锅，注意不要一次下太多料。

3. 加足糖　一般来说，块和片状原料的用糖量为原料重量的50%；条、丸状原料的用糖量为原料重量的30%～40%。而挂糊的原料可多加些糖，不挂糊的原料可少加些。

另外，做拔丝菜时最好用两个火眼，分别炒糖和炸主料。这样主料温度高，挂糖均匀，拔丝才会长细透明。

二十、蜜汁的技法

蜜汁法是制作甜菜的一种烹调方法。蜜汁是将原料放在汤汁和蜂蜜汁中，经焖、煮、蒸熟烂后，再浇上汤汁的一种烹调方法。蜜汁的种类比较多，除用糖、水和蜂蜜配制之外，还可用糖、水分别加桂花酱、玫瑰酱、枣茸、椰子等配制。蜜汁菜肴的特点是滑润明亮，软烂甜香。

▶ 第三节　经典时尚菜例制作

一、凉菜菜例

1. 蒜泥黄瓜

原料：嫩黄瓜 400 克，大蒜 10 克，精盐 3 克，味精 2 克，醋 100 克，香油 10 克。

操作步骤：

①将大蒜去皮，洗净入钵，放入精盐后捣烂成泥，然后加味精、醋和香油，调匀成蒜泥汁，待用。

②将嫩黄瓜洗净消毒，顺长剖开，刀切面朝下，稍拍，用坡刀片成厚片，先与少许精盐拌匀腌约几分钟，沥去汁水，与蒜泥汁拌匀，装盘即可。

操作要领：生拌的原料务必要新鲜脆嫩，所用调味品均要色泽鲜亮，香味醇正，品质上乘，否则有损凉拌菜的特色。

2. 红卤鸡胗

原料：鲜鸡胗 500 克，葱节 25 克，姜片 20 克，花椒、大料各 5 克，桂皮、丁香各 3 克，草果、肉蔻各 1 个，香叶 3 片，精盐、料酒及糖色各适量。

操作步骤：

①将鲜鸡胗表层薄膜撕去，切成两半，用清水冲净杂物，再撕去内层黄皮，洗净后同冷水入锅，上火烧沸约 5 分钟，捞出沥水待用。

②把花椒、大料、桂皮、丁香、草果、肉蔻和香叶用纱布袋装好，放在不锈钢锅内，添清水烧开后，加入葱节、姜片和料酒，并放糖色、精盐调好色味。

③用中火煮约 1 小时至出香味，放入焯过水的鸡胗，用大火烧开，转用小火煮约 1 小时至熟透后，离火晾冷，即可捞出，切片食用。

操作要领：所选鸡胗应新鲜、肥嫩、血污少、异味小，并经过初步加热处理，以去净血污，保证卤出的菜品色泽鲜亮。

3. 水晶虾仁

原料：肉皮 500 克，大小相等的鲜虾仁 50 粒，蛋清 1 个，花椒、大料、姜片、葱段、葱丝、香菜叶、蒜末各适量，香油、醋、精盐、味精、料酒、干淀粉各适量。

操作步骤：

①将鲜虾仁洗净，沥干水分，用蛋清和少许精盐、味精、干淀粉拌匀，入沸水内焯熟，捞出晾凉。

②肉皮洗净，入适量水锅中，放入用花椒、大料、葱段、姜片等组成的香料袋和料酒，沸后用小火煮至汤汁稠，离火，拣出料袋、肉皮（另作他用），加入精盐、味精调味，稍凉待用。

③取净羹匙 10 把，在每把内先放 3 片香菜叶，再放 5 粒虾仁，

徐徐浇入肉皮汁，入冰箱急冻。

④取出脱离羹匙，呈放射形装盘，中间点缀葱丝、香菜叶，淋蒜末、香油、醋即食。

操作要领：肉皮要经过刮毛、清洗、焯水。焯水后去掉肥肉，既可去除异味，又能使冻汁清亮。

4. 盐水鸡

原料：净肥鸡 1 只，葱段、姜片各 10 克，八角 1 枚，花椒数粒，精盐适量。

操作步骤：

①将净肥鸡同冷水入锅，上火烧开约 5 分钟捞出，用清水冲去污沫。

②再将鸡入清水锅中，加入葱段、姜片、花椒和八角，用大火烧开，撇净浮沫。

③改中火煮至八成熟时，加入精盐调好咸味，续煮至鸡肉熟透，离火原汤泡冷，捞出来，改刀成长条块，原样装盘，淋上适量原汁，即可上桌。

操作要领：肥鸡入锅时，加水量以高出原料 5 厘米左右为合适。煮制时不要加过多的香料，一般只加少量的葱、姜和花椒便可。

5. 五香牛肉干

原料：五香熟牛肉 500 克，啤酒半瓶，姜片、葱节和干辣椒节各少许，香油、精盐、味精和白糖各适量。

操作步骤：

①将牛肉切成 5 厘米长、小手指粗的条，投入到六成热的油锅中炸至无水汽时捞出，待油温升高，再次下入复炸至焦脆时倒出沥油。

②炒锅随底油复上火位，下少许姜片、葱节和干辣椒节炸出香味，加 200 克开水和半瓶啤酒，放入炸好的牛肉。

③加精盐、味精和少许白糖，以中火把汤汁收干至牛肉酥嫩时，

淋香油，出锅，晾冷即成。

操作要领：所选牛肉应质地细嫩且无筋，切条时应比平常切的略粗大一些。如果切得过小，经过油炸、汤汁收制时就会断碎，降低质量。

二、热菜菜例

1. 清蒸鲈鱼

原料：鲈鱼 500 克，红辣椒丝、葱丝、香菜、麻油各少许，盐、酒、淀粉各适量。

操作步骤：

①鲈鱼洗净，用盐、酒腌制半小时；放入盘中，清蒸 10 分钟。

②热锅，将蒸鱼的汤汁加入葱丝、红辣椒丝煮开后，用淀粉勾芡淋于鱼上，滴上数滴麻油，撒上香菜即成。

操作要领：蒸鱼之前用盐腌制片刻，可以让鱼滋味更浓，口感更嫩。

2. 椒盐基围虾

原料：基围虾 300 克，青、红椒各 2 个，辣椒粉 20 克，姜 5 克，蒜 5 克，盐 5 克，味精 3 克，胡椒粉 3 克，五香粉 5 克，植物油适量。

操作步骤：

①将虾去须后洗净；姜切末；蒜剁蓉；青、红椒切丁。

②锅中油烧至八成热时，放入虾炸干水分，捞出；锅放新油，放入青红椒丁爆炒，再放入炸过的虾，放入用辣椒粉、盐、味精、

胡椒粉、五香粉制成的椒盐，放入姜、蒜炒匀即可。

操作要领：虾整理干净后一定要用少许盐腌一下，不然里面的虾肉不易入味。

3. 尖椒肥肠

原料：肥肠400克，红、青尖椒50克，盐4克，酱油10克，白糖4克，鸡精10克，香油少许，葱、姜各少量，植物油适量。

操作步骤：

①肥肠切成斜刀块，剔出每块肉里的油，放到开水锅中煮一下，去掉其油脂；尖椒切成菱形块；葱切段；姜切丝。

②锅中油烧热后，放入葱、姜爆香后，放入肥肠块、尖椒块，

一起翻炒均匀，放入盐、酱油、白糖、鸡精、香油调味出锅。

操作要领：炒辣椒的时间不宜太久，以免破坏其中的维生素。

4. 黑椒牛仔骨

原料：牛仔骨 250 克，洋葱15克，黑胡椒汁10克，蚝油15克，生抽10克，盐5克，蜂蜜5克，胡椒粉10克，植物油适量。

操作步骤：

①牛仔骨用盐、黑胡椒汁、蚝油腌制。

②锅中放油，将洋葱炒香，放入牛仔骨煎2～5分钟出锅；剩下的洋葱加生抽、蜂蜜、蚝油、黑胡椒汁、水烧汁；放入牛仔骨翻炒后出锅，撒些胡椒粉即可。

操作要领：牛肉煎、炒八九分熟就好，不然容易煎老。

5. 孜然羊肉

原料：羊肉 500 克，圆葱、红椒、青椒各 15 克，孜然粉 15 克，花椒粉 5 克，辣椒粉 10 克，生抽 5 克，盐 3 克，淀粉 10 克，生菜少量，植物油适量。

操作步骤：

①羊肉洗净，切粗丝；红、青椒和圆葱切细丝；用淀粉和生抽将切好的羊肉抓匀，放入孜然粉抓匀腌制 10 分钟。

②锅中油热后，放入羊肉翻炒至变色，变小火慢炒羊肉，放入盐炒匀；放入红、青椒和圆葱，再放入辣椒粉、孜然粉、花椒粉翻炒均匀，盛入铺满生菜的盘中即可。

操作要领：用温水浸泡羊肉几个小时，每半小时换一次水，能够起到去除膻味的效果。

6. 板栗烧鸡

原料：鸡肉 300 克，板栗 200 克，青菜 30 克，姜、蒜各 5 克，盐 5 克，酱油 5 克，料酒 6 克，豆瓣酱 8 克，生粉 5 克，植物油适量。

操作步骤：

①鸡剁成块；姜、蒜均切片；锅中烧水，放入板栗煮熟后捞起，对半剖开。另起一锅水，放入鸡块，过水氽烫熟后，捞出。

②锅中油烧热后，放入姜片、蒜片、豆瓣酱炒香；放入鸡块、板栗、青菜翻炒均匀，放入盐、料酒、酱油调味，加生粉勾芡即可。

操作要领：板栗煮得时间不宜过长，不然会煮成碎块。

7. 港式烧茄子

原料：长茄子 400 克，猪肉馅 50 克，鸡蛋 2 个，虾仁 50 克，西蓝花少许，淀粉、番茄酱各适量，绍酒、植物油各 30 克，精盐、葱、姜末各少许。

操作步骤：

①茄子带皮切成块，再从中间不断底切开；猪肉馅用精盐、葱、姜末、绍酒、淀粉、鸡蛋液搅匀，酿入茄子凹处，下锅炸至定型捞出；虾仁用油滑好。

②将虾仁码在茄子上，番茄酱均匀淋在茄子上，周边摆放西蓝花，撒些葱花即可。

操作要领：炸茄子时要注意火候，宜用旺火热油炸，并要勤翻动。

8. 干锅手撕包菜

原料：包菜 1 个，蒜苗 50 克，五花肉 100 克，葱 10 克，姜 5 克，蒜 2 克，蒸鱼豉油 15 克，红辣椒 2 个，醋 5 克，盐 2 克，植物油 15 克。

操作步骤：

①五花肉切薄片；包菜手撕大片；姜切丝；蒜切片；葱切长段；红辣椒切菱形片。

②炒锅放油，油热后下入五花肉片，待五花肉片翻卷呈金黄色时铲出；用锅内剩余的油，下入葱、姜、蒜、红辣椒煸香；下入蒸鱼豉油翻炒，将煎好的五花肉下入锅内翻炒，下入包菜片、蒜苗翻炒，加盐、醋调味即可。

操作要领：包菜不要炒出水，炒一分半钟即可。

9. 上汤娃娃菜

原料：娃娃菜 3 棵，皮蛋 1 个，红椒半个，青椒半个，枸杞 5 克，蒜少许，鸡汤、淀粉、植物油各适量。

操作步骤：

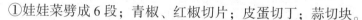

①娃娃菜劈成 6 段；青椒、红椒切片；皮蛋切丁；蒜切块。

②锅中油烧热后放入蒜块，爆香后放鸡汤烧开，放入娃娃菜、皮蛋丁、枸杞再煮开，煮到娃娃菜变软；娃娃菜捞出装盘，将青、红椒放入汤中，煮 1 分钟，加入水淀粉勾芡，浇在娃娃菜上即可。

操作要领：应挑选个头小、手感结实的娃娃菜。

10. 柴鸡炖蘑菇

原料：柴鸡 1000 克，蘑菇 100 克，葱 50 克，姜 25 克，黄酒、生抽适量，盐 5 克，植物油适量。

操作步骤：

①鸡剁块，用温水冲净，沥干；蘑菇剪掉根部，用温水泡软，洗净沥干；葱切段、姜切片。

②锅入油热后，倒入鸡块和葱、姜翻炒至鸡块变色，倒入黄酒、生抽炒匀；将锅中的材料移入砂锅，倒入温水，盖上盖子，小火炖 30 分钟；将葱段、蘑菇和泡蘑菇的水倒入砂锅中，炖至鸡块熟烂，加盐即可。

操作要领：也可用榛蘑或茶树菇等替代蘑菇，味道都很香浓。

三、汤例

1. 海带老鸭汤

原料：鸭1只，海带10克，香菜梗、食盐各2克，胡椒粉适量。

操作步骤：

①干海带用清水泡一晚，切成小块；鸭肉斩块，用一小锅清水煮开，捞出。

②砂锅中放入海带、鸭肉、胡椒粉和适量清水，大火煮开后，用小火煮2.5小时，出锅时加盐调味，撒上香菜梗即可。

操作要领：用花椒炸香油锅后再煎炒，在鸭肉微黄的时候烹入料酒，都是去腥的好方法。

2. 竹荪三鲜汤

原料：竹荪150克，海参50克，猪肚50克，菠菜30克，枸杞20克，姜少量，盐、味精各2克，白糖3克，料酒、鸡汤各适量。

操作步骤：

①竹荪洗净，切段；海参洗净，切菱形薄片；猪肚切成薄片；菠菜洗净。

②锅内倒入鸡汤和枸杞，煮沸后放入海参、肚片、料酒、盐、白糖、姜，煮沸后去除浮沫，放入竹荪、菠菜，沸腾后取出姜，放入味精调味，出锅即成。

操作要领：如果没有鸡汤，可用水代替，出锅前加点盐调味即可。

3. 鱿鱼丝萝卜汤

原料：鱿鱼丝 60 克，白萝卜 1 根，大枣 3 个，盐 3 克，味精 2 克，姜 2 克，料酒适量。

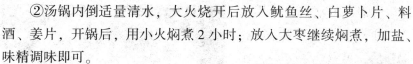

操作步骤：

①鱿鱼丝洗净；姜洗净、切片备用；白萝卜洗净，去根须，切成片。

②汤锅内倒适量清水，大火烧开后放入鱿鱼丝、白萝卜片、料酒、姜片，开锅后，用小火焖煮 2 小时；放入大枣继续焖煮，加盐、味精调味即可。

操作要领：加姜片与鱿鱼丝同煮，可起到去腥的效果。

4. 蘑菇奶油汤

原料：蘑菇 4 个，洋葱碎、葱花各少量，盐 3 克，面粉、淡奶油、黄油各适量。

操作步骤：

①蘑菇洗净，切片备用。

②锅中放黄油至融化，倒入面粉煸炒至微黄；加入凉水，用勺子迅速搅拌均匀，小火煮。

③另起锅烧热后加黄油，待融化时，放入洋葱碎炒香至金黄半透明时，倒入正在熬的汤中一起煮；加入蘑菇片，煮到汤稠；加入淡奶油煮至适合的浓稠度；放盐，撒葱花搅拌均匀即可。

操作要领：若希望奶油蘑菇汤稀一些，黄油炒面粉中的面粉可以适当少放一些。

5. 海蛎豆腐汤

原料：海蛎 300 克，豆腐 200 克，海带 10 克，盐 2 克，花生油、淀粉各适量，芝麻油、蒜片各少量。

操作步骤：

①豆腐切块；海带切段；海蛎用原汁洗去壳渣。

②锅中放油，加蒜片炒香；加豆腐与水、盐同炖；锅开后，再煮炖 5 分钟，加入海蛎、海带；大火煮锅开，用淀粉勾芡，淋芝麻油出锅。

操作要领：海蛎下锅后无需煮太久，开锅即可。

第十章

装盘技巧

第一节 装盘的基本要求

装盘是烹饪技术全部操作过程的最后一道工序，简单来说，就是将已经烹制好的菜肴装入盛器，然后可端上餐桌。装盘的效果直接影响着菜肴的美观程度及带给食用者的第一印象，因此，装盘是一项重要的操作工序，具有一定的技术和艺术要求。

装盘技术和技艺，有下列几项基本要求：

1. 盛器必须清洁，讲究饮食卫生 烹调的过程就是菜肴杀菌消毒的过程。装盘时，绝不能使细菌或灰尘沾染菜肴，否则烹调时的杀菌消毒就失去了意义。因此应当做到以下几点：

第一，盛器在装盘前必须经过消毒。

第二，冷菜装盘时，必须使用工具夹（勺、筷），不能用手抓。假如必须用手，则应戴上塑料手套。

第三，为防止锅底上的煤灰落入盘内，锅与盘应保持一定的距离，锅底不能靠近盘边；装盘时不可用炒勺敲锅。

第四，菜肴应装入盘的正中，尽量不要把汤汁溅在盘的边缘。假如汤汁溅在盘沿，不能用没有消毒的抹布擦拭。

2. 形态丰满，主料突出 菜肴装盘后要形态丰满、主料突出，一般像馒头形、椭圆形或平面形，不可四面散开，或这边高那边低。同时应注意留出盘边，不能将盘边盖住。

如果菜肴既有主料又有配料，主料应装在显著的位置，醒目突出，千万不能让辅料将主料掩盖住，例如家常菜蒜薹肉丝，装盘后应使食用者看到盘中有很多肉丝，假如蒜薹掩盖了肉丝，就无法突出主料；又如只有主料的清炒虾仁，装盘时应把个大的虾仁装在上面，个小的虾仁埋在下面，看起来丰满美观，可以增加食客食欲。

3. **注意菜肴色和形的美观**　色、香、味、形是菜肴的四大基本特征，其中香和味由烹饪技术决定，而色和形则受装盘技术的影响。灵活运用装盘技术，可以使原料的布局和主、辅料的配合得当，达到菜肴色彩鲜艳、形态优美的目的。例如芙蓉鱼片，雪白的鱼片搭配红色火腿菱角片、棕黑色的香菇菱角片和绿色菜心，这样使主、辅料在形态上很和谐，色调上更加鲜艳协调。又如香酥鸡腿，炸好后应在盘中排成圆圈，腿骨一律朝向盘边，既形态美观，又方便食用者取拿。

整鱼、整鸡之类的大菜，其装盘形式更应该讲究。例如，整鸡、整鸭装盘时应腹部朝上，显出其肥腴；整鱼装盘时应头朝左、尾朝右、腹朝下，以避其讳。假如将两条鱼装在一个盘子里，不仅要求它们大小相等，而且应腹部相对、紧靠在一起，以获得外形美观的效果。

另外，假如一锅菜肴要分两盘、三盘或多盘，出锅时要做到心中有数，尽量将每盘菜肴的质与量分装均匀，尤其是主、辅料不能有多有少。如果发现不均匀，可用小勺稍加整理，然后上桌，切忌重新分配而使整个菜肴的形态受到破坏。

第二节 盛器与菜肴的配合原则

一、盛器的种类

菜肴在装盘时所用的盛器有很多种式样，大小尺寸也各不相同，而且各地方菜系的使用方法也有所不同，通常有以下几种：

1. **腰盘（长盘、条盘）** 腰盘为椭圆形，因形状很像腰子而得名，尺寸大小为 0.7~2 尺（1 尺 = 0.33 米）。小的用来盛小菜冷碟，中等的用来盛炒菜，大的一般用于盛装整鸡、鸭、鱼、排翅及筵席冷盘菜肴。

2. **圆盘** 圆盘为圆形，底部平坦，直径为 0.5~2 尺。用途与腰盘相同。

3. **汤碗** 汤碗通常直径约 1 尺，因底的深浅而有大有小，由于菜肴的质量高低存在较大的差别，盛器也有所不同，有荷叶汤碗、片子汤碗、高脚片子碗等。

4. **汤盘** 汤盘的盘底较深，小的直径在 0.6 尺左右，大的直径在 1 尺以上，主要用于盛装以煨、烧、烩烹制而成的汤汁较宽、半汤半菜的菜肴。

5. **品锅** 品锅有瓷、铜、锡三种。瓷类品锅目前使用最多，大小在 1 尺以上，有盖，一般盛装全鸡、全鸭、整蹄等。铜、锡类品锅目前使用较少，大小不一，直径约为 2 尺，有盖，中分三档成"品"字形，容积较大，可以把全鸡、全鸭、整蹄一同放在锅中加热，连锅一起上桌。

6. 扣碗　扣碗的直径一般为 0.5~0.8 尺，用途是盛装扣肉、扣鸡、扣鸭及扣蹄。另外还有一种扣钵，用于清蒸全鸡、全鸭、全蹄等。

7. 火锅　火锅的制作材料有铜、锡、铝、搪瓷等几种，主要分为两种：一种称穿心火锅，式样为圆形，中间空，高出周围，安放炭火，可使锅内的汤保持滚沸温度；另一种火锅称菊花火锅，式样仍为圆形，分上下两托，下托放置酒精燃料，四面用镂空花纹架托住上托，上托放汤水，煮沸后可将生料放入，待烫熟后食用。

8. 砂锅　砂锅具有散热慢的特点，因而适宜炖、焖等需要大火的烹调方法加热之用。成熟后，直接将原砂锅上席，但须在砂锅下面垫上衬盘，既是加热用具，又是上席盛具。砂锅的保暖效果较好，里面菜肴的热量不易散失，适宜在冬季使用。

9. 气锅　气锅的制作材料通常为紫砂，有盖，外表与砂锅类似，但高于砂锅，打开盖，中间有一从底部升至盖下的气洞，主要用于蒸制甲鱼、雪蛤等高档原料。操作时，在气锅内放入原料，加盖上笼蒸，蒸汽从底部气孔直串上面，被盖压回原料处，可保证原料香味不外逸。成熟后，连同气锅上桌，使食客品尝到香气浓郁、原汁原味的佳肴。

10. 攒盒　攒盒是一种分格的盒子，底略深，有盖，有花瓣、树叶、小动物等各种形状，用于盛装冷菜。常见的有七盒合拼和九盒合拼，中间一个较大，旁边围着的六至八个较小，放上冷菜上桌，拼摆成形，图形美观。另外还有一种作为席中食客盛器的攒盒，有南瓜、苹果、螃蟹等各种形状，通常带盖上席，由食客自行开盖食用。

二、盛器与菜肴的配合原则

俗话说："美食必有美器。"装盘是构成菜肴质、味、形、色、皿的重要因素之一。所谓"皿"就是选用适合的器皿盛装菜肴，将菜肴衬托得更加美好，增加食客对菜肴的喜爱，诱导食客的食欲。通常来说，盛器与菜肴的恰当配合，有以下几项原则需要注意：

1. 盛器的大小与菜肴的分量相适应　即量多的菜肴用较大的盛器，量少的菜肴则用较小的盛器。同时，装盘的菜肴只宜装在盘的中心圈内，不能装到盘边；装碗的菜肴只占碗的容积的80%~90%，注意不要让汤汁淹没碗沿。

2. 盛器的形状与菜肴的形态相适应　盛器的种类不同，形状不一，各有各的用途。装盘时必须选择与菜肴形态相适应的盛器，如果随便乱用，不仅影响菜肴的形态美，而且不利于食客食用。例如，烩菜、煨菜等带汤汁的菜肴适合装在汤盘里，假如装在平坦的圆盘内，汤汁便会溢出盘边，既不美观，又不卫生。再如，整条的鱼装在腰盘内比较合适，假如装在大圆盘中，鱼的两侧留有较大空隙，既失去了丰满感，又降低了美观度。

3. 盛器的色彩与菜肴的色彩相协调　每份菜肴都有它独特的色彩美。如果盛器的色彩与菜肴的色彩相协调，就会使菜肴显得更加高雅悦目、鲜明美观。反之，则会破坏菜肴的色彩美。例如洁白如玉的清炒虾仁，点缀上几段绿色小葱，显得清淡文雅，配装在一只浅蓝色花边盘内，使食客更觉美观素雅，顿生别开生面之感。

另外，盛器的品质好坏要与菜肴的品质好坏相适应。宜冬天盛装的砂锅、火锅不宜在其他季节使用，否则会影响食客的心情。

 **第三节 装盘的方法和步骤**

一、热菜装盘方法

热菜的品种很多，装盘方法也各不相同。

1. 炸菜装盘法　炸菜的特点是无芡无汁，块块分开。装盘时，先将炸好的原料从油锅中捞出来，在漏勺上控干、沥净油分，然后直接倒入盘中或用筷子夹入盘中。采用这种方法应注意两点：一是油一定要控干；二是装盘时应注意形态饱满、美观，如果菜肴倒在盘中后形态不够美观，可用筷子略加调整。

2. 滑熘、爆、炒菜装盘法　采用滑熘、爆、炒三种方法烹制的菜肴几乎没有汤汁。装盘方法通常有以下两种：

单一料或主配料不明显、质嫩易碎的菜肴，可用一次倒入法。倒入时速度要快，锅不宜离盘太高，应将锅迅速向左移动，使原料不翻身，均匀地推入盘中，如熘鱼片、清炒虾仁等。

主料或主配料差别比较显著的菜肴，则用分次倒入法。装盘时应先把形好的一部分主料用手勺盛出，再将锅中菜倒在盘中，最后将勺中的菜盖在上面，如此可突出主料，形态美观，如爆鱿鱼卷、青椒鸡丁等。

3. 烧、焖菜的装盘法　采用烧、焖两种方法烹制的菜肴带有少量汤汁，装盘时应采用以下方法：

（1）拖入法　装盘时，先端起锅晃几下，使菜肴在锅内旋转，然后把锅倾斜，将菜肴拖到盘中。拖入时，锅离盘不宜太高，一面倒一面将锅迅速向左移动，并用右手持勺从左向右扒菜肴，使其顺利地拖入盘中。为避免菜肴滑到盘外，拖入速度要慢、稳。此法适宜整只的鱼类和扒类菜肴，例如烧菜的红烧鱼、扒菜的海米扒菜心等。

（2）盛入法　装盘时，先用手勺把较小的、形差的舀起盛在盘中，再将较大的、形好的盖在上面。操作时，手勺应顺锅底下入舀起，注意勺边不要铲破菜肴。为避免因汤汁滴在盘边上而影响美观，舀起菜肴后，勺底应在锅边刮一下。此法适宜不易散碎的块形菜肴，如虎皮豆腐、栗子焖鸡、土豆红烧肉等。

4. 炖、汤、羹菜的装盘法　炖、汤、羹菜的汤汁较多，通常以盛至离碗边 1 厘米左右为宜。假如原料不能漂浮在汤面，应先堆在中间，用手勺扣住，然后慢慢倒入汤汁，以突出主料，如清炖羊肉等；假如是大型原料，应先将原料盛在碗中，再舀入汤汁，以避免汤汁飞溅到碗外，如清炖鱼等。

5. 蒸菜的装盘法　有的菜蒸好后可直接上桌，如口蘑蒸鸡、粉蒸牛肉等。而一部分蒸菜还需装盘后才可上桌，方法有两种：

（1）拨入法　具体操作方法是：从笼中取出蒸好的原料，左手端住有原料的盘子对准另一干净盘子拨到上面即可。拨入时用力要适度，既要保证菜肴拨到盘中应占的位置，又要保持形状完好。此法适宜蒸鱼类，如清蒸武昌鱼等。

（2）扣入法　具体操作方法是：从笼中取出蒸好的菜肴，把空盘反盖在碗上，然后快速把盘碗一起翻转过来，最后小心地将碗拿掉即可。扣入时要注意两点：

①翻转速度要快，不然卤汁将沿盘边流出，影响美观。假如蒸碗中汤汁较多，应先滗去汤汁再翻扣。

②揭碗时要稳拿，以避免弄乱事先排列好的形状，使菜肴质量降低。此法适宜事先把原料装在碗里蒸熟的菜肴，如梅菜扣肉、大碗酥肉等。

6. 煎、塌菜的装盘法　煎、塌菜烹饪后的原料形状多为扁平状，装盘时应采用手铲盛入法，即不用手勺盛装，而用手铲盛菜的方法。操作时，左手端锅晃锅使原料移动，左手执手铲顺锅底插入原料底下，然后将原料托起，整齐地盛在盘中。此法也适用于烧菜中的整鱼类菜肴。

装盘时应注意以下三点：

第一，铲的过程中应保证不损伤原料外表。

第二，手铲必须紧贴锅底铲下，但不能太过用力。否则容易将锅底上的杂质和菜肴一并铲起，装盘后会影响菜肴的质量。

第三，铲起的菜肴应准确地放在适当位置，尽量一步到位，不要随意移动。如果被移动了，盘子上就会留下痕迹，影响盘子的外观。

二、凉菜装盘方法

凉菜与热菜不同。热菜须先经刀工处理，烹调成熟后装盘食用；而凉菜通常是在烹调完成后进行刀工处理，然后装盘直接食用，所以卫生方面应特别注意。

凉菜刀工处理时，应等原料完全冷却后再进行，不然原料容易变形，影响菜品形状。在刀工处理的过程中，片、块、丁等成形必须大小一致、厚薄相等、刀口平整，以达到整齐美观、增人食欲的效果。

凉菜的装盘种类有单盘、拼盘、攒盒、攒盘、果盘、什锦拼盘和花式拼盘等几种，各有其不同的特点和用途。凉菜装盘共分三个步骤：

第一步：在盘的中间垫一些零碎的、不整齐的原料，称为垫底。如白斩鸡就用鸡颈、鸡脊骨垫底。

第二步：用比较整齐的熟料盖在垫好底的周围，称为装边，也称围边或盖底边。

第三步：把质量最好的熟料排列整齐，均匀地摆在刀面上，再托放到盘中间盖在面上，称为装刀面。如白斩鸡可将胸脯肉或鸡大腿原料盖在面上。

1. 凉菜装盘的方法

（1）排 将原料规则地排列放在盘里叫作排，各种熟料可以取各种形状和各种不同的排法。有的适宜排成锯齿形，有的适宜逐层排和配色间隔排。

（2）堆　就是把原料堆放在盘中，一般用于单盘。堆也可配色成花纹，有些还能堆成很好看的宝塔形。

（3）叠　即把加工成熟的原料，一片片整齐地叠起，一般呈梯形。此法适宜不带骨而具有韧性及软脆性的原料，如牛肉、卤肉、叉烧、火腿等。叠时需与刀工紧密结合，切一片叠一片，然后铲在刀上，再托盖在已垫底装好边的盘上。

（4）围　将切好的熟料排列成环形，层层围绕，显示出各种各样的层次和花纹。有的在排好主料的四周围上一层辅料来衬托主料，叫作围边。有的将主料围成花朵，中间另用辅料点缀成花心，叫作排围。

（5）摆，又称贴　是在装花色冷盘时动用不同的刀工，采取不同色彩、不同形状的原料拼摆成各种花或图案形象。如蝴蝶、花篮等。这种方法需要操作者有熟练的技术，才能摆出各种生动活泼、形象逼真的形状。

（6）复，又称扣　将原料排列整齐地放在碗中，再翻扣在盘内或菜面上。例如冷盘中的油鸡、卤鸭，斩成块后，先将正面朝下排扣在碗内，加上卤汁，食用时再翻扣入盘里。

2. 花式冷盘的选择

（1）构思　按照冷菜的规格要求，确定好冷盘的名称并构思好图案。

（2）选料　图案设计好后，接下来要进行选料。选料不仅要满足构思好的图案要求，而且要综合考虑原料的质地、口感等因素。原料选好后，再将这些原料分档取出，根据具体需要分别进行处理，如垫底料、面料等。

（3）配色和刀工　色彩和造型决定着花式拼盘的成败。因此，设计图案和选择原料完成后，应进行恰当的配色，力求造型生动逼真、色彩鲜艳和谐。在花式冷菜中，刀工处理的形状既要符合图案的需要，又应考虑食用块片的大小，必须光洁美观、刀口平整。同时，盛器的色彩和形状也应与整盘菜肴和谐统一、相得益彰。

另外，花式冷菜既要有较高的营养食用价值，又要有一定的艺术欣赏价值。因此除上述的配色造型外，还须用点缀手法使花式冷菜的色和形更加鲜艳美观，打造出一盘令人垂涎欲滴却不忍下筷的艺术品。

第十一章

宴席知识

第一节 宴席的基本形式

宴席又称酒席、酒宴，古已有之，常常是为宴请某人或为纪念某事而举行的、多人出席的酒席。随着社会经济和文化的进步，宴席的形式和内容也有了相应的变化。宴席一般需要宴请，宴请是指盛情邀请来宾宴饮的聚会，是人际社会乃至国际交往中常见的一种礼仪活动。各国宴请都有自己国家或民族的特点与习惯。国际上通用的宴席主要有宴会、招待会、茶话会和工作餐四种形式。每种形式都有其特定的要求，需要掌握四个要点：宴请的规格、就餐的方式、菜肴的选择以及位次的排列，同时对宴席具体的细节也应有所关注。

一、宴会

宴会通常是指最正式、最隆重的宴请，在礼仪上分为欢迎宴会和答谢宴会两种。宴会举行的时间不定，早、中、晚均可，但以晚宴最为正式。接待部门举办宴会时，要注意会见、菜单、费用、举止与环境五个方面的规范。根据规格的不同，宴会有国宴、正式宴会、便宴和一般宴会之分。

1. 国宴 国宴是现代国家最高、最隆重的宴会形式之一。一般由国家元首或政府首脑在盛大节日或宴请他国元首或政府首脑时举行，有国家其他领导人陪同，并邀请驻外使团和有关人士参加。按规定，为外国领导人来访而举行的宴会应挂两国国旗，安排乐队奏两国国歌及席间乐。席间，主宾双方有致辞或祝酒，菜单和席次卡上均印有国徽。

2. 正式宴会 正式宴会是为招待和答谢身份比较高的来宾所安排的宴会，规格低于国宴，除不奏国歌、不挂国旗及出席规格有差异外，菜肴、酒水及其他服务大致与国宴相同，备白酒、红酒、啤酒和若干饮料，餐前会见来宾并稍事叙谈。

3. 便宴 即非正式宴会（亦称陪餐）。这类宴会形式简便，可不排席位，不进行正式讲话，菜肴道数酌减。

4. 一般宴会 一般宴会指由民间人士或商界宴请招待国内外的团体组织、著名人士或商人。与正式宴会相比，一般宴会较为随意，是相互交往、互相了解、增进友谊的一种形式，例如婚宴、节日宴、生日宴、升学宴等众多民间聚会。

二、招待会

招待会是指一些不备正餐的宴请形式，通常备有食品和酒水饮料，不设固定席位，宾主活动不拘形式。

常见种类有：

1. 冷餐会 这种宴请形式的特点是规格大小不等，通常采用长桌，既不设主宾席，也没有固定的座位。宾主可自由走动、相互敬酒和交谈。冷菜、饮料、点心、餐具等陈放在桌上，由客人自取自食，服务员只管斟酒。冷餐会适合招待人数众多的宾客，地点可在室内，也可在室外花园。

2. 酒会 酒会是便宴的一种形式，会上不设正餐，只是略备酒水、点心、菜肴等，而且多以冷味为主。酒会举行的时间较为灵活，中午、下午、晚上均可。请柬一般均注明酒会起讫时间，来宾可在其间任何时间到达和退席，来去自由，不受约束。由于不设座位，酒会具有较强的流动性，宾客之间可自由组合，随意交谈。

三、茶话会

茶话会是一种更为简单方便的招待形式，场地大小不限，时间长短不拘，气氛轻松活泼，一般席间只摆茶点、水果和风味小吃，也可安排一些短小的文艺节目助兴。

四、工作餐

工作餐属非正式宴请，指在会议或工作中以套餐的形式提供的便餐。根据用餐时间的不同，可分为工作早、中、晚餐，多在午间提供。

另外，还有一种地方风味宴席，比较适合旅游观光团的需要，它能够反映出一个地方的特点，如全鸭席、全鱼席、全蟹席、全鹿席、全豆腐席、全素席等，都具有一定的特色。

第二节 宴席菜肴的配置

宴席是以佳肴美酒款待多人聚餐的一种饮食方式。无论是国宴、便宴，也无论是高级宴席、中档宴席、普通宴席，都必须选优质原料，用精湛的技艺烹制出富有特色的菜点。宴席与一般日常饮食的区别，很重要的一点就在于宴席上配置的菜肴数量各部分的比例、上菜顺序等都有较严格的规定，有其相对固定的模式。宴席菜肴的配置，不仅讲究菜肴配置的协调，而且注重色泽、形态和品味。因此，平衡、协调、多样化、营养化是配置宴席菜肴的总要求。

一、宴席的菜肴组合

宴席菜肴通常包括冷菜、热菜、甜菜（包括甜汤）、点心、汤五大类，有的还配置时令水果和冷饮。

1. 冷菜　冷菜又称冷荤、冷盘等。用于宴席上的冷菜形式，可用什锦拼盘或四个单盘、四双拼、四三拼，也有采用一个花色冷盘而配上四个、六个或八个小冷盘（围碟）的。

2. 热菜　主要指趁热进餐的菜肴，它包括大菜和热炒菜两种。

大菜：由整只、整条、整块的原料烹制而成，装在大盘或大碗中上席的菜肴。一般采用烧、烤、蒸、炸、脆熘、炖、焖、熟炒、叉烧、汆等烹调方法。

热炒菜：一般采用滑炒、煸炒、干炒、炸、熘、爆、烩等多种烹调的方法制作而成，以达到菜肴口味多样、形态各异的效果。

3. 甜菜　一般采用拔丝、蜜汁、熘炒、冷冻、挂霜、蒸等多种烹调方法烹制而成，以甜为主，从而达到调节口味的作用。甜菜多数是趁热上席，在夏令季节也有供冷食的。

4. 点心　在宴席中常有糕、团、面、粉、包、饺等品种，采用的种类与成品的粗细取决于宴席规格的高低。高级宴席须制成各种花色点心。

5. 汤　在宴席开始或快结束时，常常配以不同档次的汤，用以调节进餐者的胃口。

有的宴席除上述五种菜点外，还有与季节有关的时令水果和冷饮，以帮助人体内食物消化，补充营养。常见有苹果、生梨、橘子、西瓜、冰激凌等。

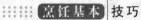

二、宴席中各类菜肴的配置

在配置宴席菜时，各类菜肴的质量应达到均衡，不能出现冷盘过分好、热炒菜过分差或相反的现象，因此应注意冷盘、热炒、大菜、点心、甜菜的成本在整个宴席成本中的比重，尤其是体现宴会档次的大菜。

高级宴席：冷盘约占 15%，热炒菜约占 30%，大菜约占 55%。

中等宴席：冷盘约占 15%，热炒菜约占 35%，大菜与点心约占 50%。

一般宴席：冷盘约占 10%，热炒菜约占 45%，大菜与点心约占 45%。

宴席菜肴的配置讲究一定的原则，必须很好地掌握。常见的菜肴配置原则如下：

1. 数量上的配置 以每桌宴席按 10 人计算，每人所进食的主料、配料、点心总计不应超过 500 克。根据宴席的规格高低，菜肴的个数 12~20 个不等。要注意的是，菜肴个数少的宴席，每个菜肴的数量要丰满些；而个数多的宴席，每个菜肴的数量可以减少些。

2. 质量上的配置 菜肴的质量在一定程度上决定着宴席水平的高低。在保证菜肴有足够数量的前提下，应从主料、辅料的配搭上进行掌握。高规格的宴席，应选用高档原料，在菜肴中可以只用主料，而不用或少用辅料。配制菜肴时，还应尽量考虑上一些做工考究的花色菜以及最能体现地方特色的菜。低规格的宴席，可选用一般原料，并增大辅料用量，以节约成本。

3. 色泽、口味、口感的配置 根据烹饪原料本身的特性，各种菜肴的色泽应充分显示其烹饪原料的自然色泽，如红、黄、绿、白、青等。同时，应采用多种调味方法，使整桌宴席的菜肴形成各具特色的口味，以通过烹调达到嫩、软、脆、滑、爽、酥、焦等多样化口感的要求。

4. **形状和盛器的配置** 宴席菜肴的形状要求片、丁、丝、条、球、块及各种花刀要精细，做到一菜自成一形。盛器的形状和色彩应与菜肴的形状相符、色彩相和，并起到衬托菜肴色、香、味、形的作用。

5. **花式菜肴和风味菜肴的配置** 在宴席菜肴配置上，花式菜应色彩鲜艳、形象生动、用料广泛，数量不可过多也不可过少，以免造成华而不实或臃肿不堪之感。风味菜肴应以突出地方风味特色为配置原则，烹饪原料的选择、口味的确定以及盛器的选用等都应显示出地方特色。

6. **点心、甜菜、汤和水果的配置** 宴席上的点心要求咸甜搭配，通常上 2~4 道即可；甜菜要求品种不一样，应上 1~2 道；根据宴席规格的不同，汤一般在宴会最后或餐前上桌，要上 1~2 个；最后上时令水果。

第三节　宴席菜单的制定和上菜顺序

宴会在我国有着悠久的历史，是一种由古老的宴食演变而来、比较隆重的多人聚餐的招待形式。与古代的筵席相比，当今宴会的菜点安排、烹调技术、餐厅服务等各方面都有较大的变革，这是由于社会的不断前进推动了烹饪事业的发展和提高。

宴会菜单又称为开菜单或制定菜单，一般由厨师长安排。菜单是厨师进行菜肴加工、切配、烹调的必须依据，其合适与否直接影响着宴会任务的顺利完成。能否制定出合适的菜单，是体现厨师技术水平高低的一个重要标志，需要考虑的因素包括：标准的高低、菜肴品种的多少、口味的调制、烹调方法及色彩的搭配、厨师技术力量配置等。

一、制定宴席菜单的原则

宴会菜单的制定是一项很重要的工作，它要求制定者既要掌握烹饪技术，还要有一定的组织能力。根据厨房的实践，制定菜单通常有以下几个原则：

1. 营造并突出宴席主题　宴席菜肴的形式包括宴席菜肴的种类、造型、结构、名称以及服务方式等内容，因宴席主题的不同而不同。进行宴席菜肴设计时，一切都要以宴席主题为依据，设计出适宜的宴席菜肴形式，以凸显宴席主题。

2. 遵守宴会标准，尊重客人生活习惯　现在宴会所使用的各种原料有高低之分、贵贱之别，高标准的宴会可选用高档原料，低标准的宴会则选择低档原料。厨师需要做的，就是在规定的标准之内，把菜点搭配好，使宾主都满意。这也是安排菜点的宗旨。无论宴会标准、原料的高低贵贱，都应本着粗菜细做、细菜精做的原则，将菜肴调剂适当，呈现出精致、丰满、大方的效果。同时，我国是一个多民族的国家，每个民族都有着独特的风俗习惯和饮食禁忌，厨师在设计菜单时应先对宾客的民族、宗教、职业、嗜好和忌讳作基本了解，灵活掌握，搭配出宾客满意的菜单。

3. 了解市场供应和应时季节　菜肴所用的各种原料大多是来自市场供应，厨师在制定菜单、安排菜肴时，应考虑市场供应情况和当时的季节，以免发生菜单定下后没有或缺少加工原料的现象。另外，还应将厨房的设备条件考虑在内。

4. 使宾客品尝多种味道　菜单上安排的菜肴，应丰富多彩，品种多样化。因此，无论是冷菜还是热菜，都要选择多种原料和多种烹调方法，以最大程度地满足宾主的要求。

5. **色彩和荤素的搭配要协调** 宴席菜肴应色彩协调、层次分明、鲜艳悦目，不能千篇一律。一桌宴席所安排的菜肴，菜与菜之间的颜色既要各不相同，又要和谐美观。因此，厨师安排菜肴时要充分考虑到主、辅配料的颜色以及成品菜肴的颜色。

二、婚宴菜肴的菜单设计举例

在众多礼仪中，婚礼是人们最重视的礼仪之一。我国民间早就有"无宴不成婚，无酒不嫁女"的说法，因而婚宴是整个婚礼过程的关键所在。一场成功婚宴的策划，包含婚宴环境的布置、婚宴过程的组织以及婚宴菜单的设计等很多方面。具体到婚宴菜单的设计，应遵循以下几条原则：

1. **菜肴的数目应为双数** 在我国大部分地区，婚宴的菜肴数目均为双数，取"成双成对"之意，通常有八菜、十菜、十二菜等几种，分别象征发财（"八菜"的谐音）、十全十美、月月幸福等美好祝愿。

例如，江南地区流行的"八八大发席"，全席由八道冷菜、八道热菜组成，而且多选择农历双月的初八、十八、二十八作为婚礼的日期，暗扣"要得发、不离八，八上加八、发了又发"的吉祥寓意。常见菜单如下：

八冷碟：炙骨、油鸡、红鸭、风鱼、蛰皮、彩蛋、香菌、芹菜。

八热菜：如意海参、八宝酥鸭、花酿冬菇、三鲜海圆、荷花鸡茸、一品枣莲、麒麟送子、全家合欢。

2. **菜肴的命名应尽量选用吉祥用语** 吉祥的菜名象征着对新人的美好祝愿，可以从心理上愉悦宾客、烘托喜庆气氛。

例如，奶汤鱼圆可以取名为"鱼水相依"，珍珠双虾可以取名为"比翼双飞"，红枣桂圆莲子花生羹可以取名为"早生贵子"。婚宴中的菜品如果色、料、味成双成对，可以用鸳鸯命名，如"鸳鸯鱼片""鸳鸯鸡淖""鸳鸯酥"等，以祝福新人和谐美满、相伴永远。如今，酒店比较常见的婚宴宴席的名称主要有"比翼双飞席""龙凤呈祥席""山盟海誓席"等，而其中菜品的命名也都始终遵循着"吉祥"的原则，例如比翼双飞席：

八冷碟：鸳鸯彩蛋、如意鸡卷、糖水莲子、称心鱼条、大红烤肉、相敬虾饼、香酥花仁、恩爱土司。

八热菜：全家欢乐（烩海八鲜）、比翼双飞（酥炸鹌鹑）、鱼水相依（奶汤鱼圆）、琴瑟合鸣（琵琶大虾）、金屋藏娇（贝心春卷）、早生贵子（花仁枣羹）、大鹏展翅（网油鸡翅）、万里奔腾（清炖金蹄）。

四果点：甜甜蜜蜜（喜庆蛋糕）、欢欢喜喜（夹心酥糖）、热热闹闹（糖炒栗子）、圆圆满满（豆沙汤团）。

3. 根据习俗，注意禁忌　婚宴的菜式通常不受流派的限制，原料不要求十分名贵，但要分量稍多，口感适合，尽量与酒水相配，避免出现宾客没有吃饱或者觉得无东西可吃的情况。

传统婚宴菜品中，鸡、鱼等原料必不可少，而且一般作为压尾的荤菜上席，象征吉（鸡）祥喜庆、年年有余（鱼）；还应有大枣、花生、桂圆和莲子，祝福新人"早（枣）生贵（桂）子"。婚宴中的大部分菜肴的色调，应以酱红、棕红、橘红、胭脂红等红色为主，以使宾客感受到喜庆的味道。婚宴中的水果可选用石榴（籽多，有"多子多福"之意）、蜜桃（暗喻今后生活甜蜜）、西瓜、杨梅等；不能上橘子或梨，因为橘子要一瓣一瓣地分开来吃，梨与分离之"离"同音，均易使人产生不好的联想。四川地区传统的婚宴中应出现红烧肉和甜菜一类的菜品；东北地区的婚宴一般都要上"四喜丸子"象征喜庆；而香港地区的婚宴菜品则不会出现豆腐、荷叶饭一类的菜肴饭点。

除精心设计婚宴菜单外，婚宴环境的布置和婚宴用具的选择也非常重要，必须要突出喜庆热闹、祥和美满的气氛，例如选用红色的桌布、红色或金色的圆盘和圆碗、红漆筷等。

三、宴席菜肴的上菜顺序

宴席菜肴的上菜顺序非常讲究，一般遵循的原则是先冷后热，先炒后烧，先上咸的、味清淡的菜，后上甜的、味浓厚的菜。具体的上菜顺序是：冷盘→热炒菜→主菜（也称头菜，指大菜中的第一道菜）→点心→甜菜→大菜→饭汤（甜菜和点心也可插在热炒菜的最后一两道和大菜头两个中间上）。

1. **热炒菜的上菜顺序**　热炒菜的烹调方法不同，质量和口味也互不相同。从烹调方法讲，应该先上滑炒、爆炒等的菜肴，然后再间隔上其他烹调方法烹制的菜肴。例如，烩鸭掌、清炒虾仁、鸽蛋土司、宫保鸡丁这四个炒菜，上菜顺序应该是清炒虾仁→宫保鸡丁→鸽蛋土司→烩鸭掌。假如用炒蟹粉代替清炒虾仁，那么，根据质优先上这一原则，就应该先上炒蟹粉，接着应上鸽蛋土司，而后再上宫保鸡丁。原因是炒蟹粉的鲜味很浓，紧接着上滑炒的宫保鸡丁会使食客感觉口味平淡，因此应上油炸的、口味干香的菜肴来调剂口味。在绝大部分的宴席中，炸制菜肴的后面总接着上烩菜，因为吃了干香的炸菜之后，再吃些带汤水的烩菜，更适合人们的口味要求。从质量方面讲，上菜时应先上质优的菜肴。

2. **大菜的上菜顺序**　大菜应先上质优价贵的高档菜肴，例如燕窝、鱼翅、海参等。这类菜往往是宴席中的主菜（也称"头菜"）。并且整个宴席往往以这类菜肴定名，例如鱼翅席、海参席、燕翅席等。

为调剂宾客口味，头菜上桌后应间隔上点心、甜菜，然后再上其他大菜，最后上汤（即饭汤）。汤的滋味宜清淡鲜香，不宜味重浓厚，以给人清新爽口的感觉。

　　根据价高质优先上的原则上菜，还可以给宾客留下一个美好的印象。另外，即便最后菜肴没有吃完，也不过剩下来一些普通的菜肴，不会造成珍贵菜肴的浪费。